全国艺术职业教育系列教材·高职卷

中国艺术职业教育学会推荐教材

乐器发声基本原理

主　编　周一鸣　许慧敏

副主编　吴云云　成　征　刘莉莉　周　昕　肖锦涛

编　委　（排名不分先后）

周一鸣　许慧敏　吴云云　成　征　刘莉莉　周　昕　肖锦涛

张艳群　张　弦　姚　娟　周　滢　袁德勇　曾　征　舒砚耕

高　鹏　肖邦亮　庄　苑　赵凌之　李佳婕　叶　芬

专家指导　谷　杰

参编人员　（排名不分先后）

周一鸣　许慧敏　成　征　刘莉莉　肖锦涛　周　昕　叶　芬

张艳群　周　滢　袁德勇　曾　征　高　鹏　舒砚耕　肖邦亮

张　弦　吴云云　赵凌之　李佳婕　庄　苑　刘　倩

参编院校　湖北艺术职业学院

武汉音乐学院

重庆艺术职业学院

四川艺术职业学院

重庆师范学院

湖北幼儿师范学院

WUHAN UNIVERSITY PRESS

武汉大学出版社

图书在版编目(CIP)数据

乐器发声基本原理/周一鸣,许慧敏主编.—武汉:武汉大学出版社,
2018.11

全国艺术职业教育系列教材·高职卷
ISBN 978-7-307-19962-0

Ⅰ.乐…　Ⅱ.①周…　②许…　Ⅲ.乐器—调音—高等职业教育—教
材　Ⅳ.TS953.07

中国版本图书馆 CIP 数据核字(2017)第 323891 号

责任编辑:徐胡乡　　　责任校对:汪欣怡　　　版式设计:韩闻锦

出版发行:**武汉大学出版社**　　(430072　武昌　珞珈山)
(电子邮件:cbs22@whu.edu.cn 网址:www.wdp.com.cn)
印刷:北京虎彩文化传播有限公司
开本:787×1092　1/16　印张:7.75　　字数:179 千字　　插页:2
版次:2018 年 11 月第 1 版　　2018 年 11 月第 1 次印刷
ISBN 978-7-307-19962-0　　定价:32.00 元

总　　序

在我国实施文化强国战略和职业教育事业实现跨越式发展的大背景下，艺术职业教育在办学理念、办学规模、办学效益以及教学改革、培养质量和办学条件等方面都取得了长足进步。六十年传统积淀、十余载创新发展，伴随着中等职业教育的稳定前行，高等艺术职业教育蓬勃而兴，不仅提升了我国艺术职业教育的层次和水平，更为艺术职业教育注入了巨大生机与活力。

当前，艺术职业教育机遇与挑战并存，特色与创新共进。紧跟文化产业发展步伐，适应艺术人才就业岗位需求，厘清艺术职业教育思想，更新艺术职业教育教学方法，完整科学的艺术职业教育教材体系的建立对实现我国艺术职业教育又好又快发展，无疑具有战略意义。

全国艺术职业教育系列教材建设是文化部、全国文化艺术职业教育教学指导委员会、中国艺术职业教育学会启动的艺术职业教育质量工程之一，它是为了适应新形势下我国艺术职业教育发展需要而编撰出版的系列教材。其选编思路是主动适应国家文化产业升级发展需求，对接行业、职业标准；打破学科框架束缚，以项目、任务为导向组织教材内容，突出学生能力培养，体现艺术类专业基于实践的科学合理的学习过程；注重国际视野站位与先进教学技术手段的运用，反映文化艺术行业、产业发展的新方向和新趋势；同时注重收纳具有民族精神与民间特色的非物质文化遗产内容，实现高校文化传承功能。

　　全国艺术职业教育系列教材涵盖音乐、舞蹈、戏剧、美术等各个艺术门类，分高职卷和中职卷，按照宜统则统、宜分则分、分类分步、梯次推进的原则，重点开展专业核心课、专业基础课、公共基础课教材的开发与建设，计划在"十二五"期间完成 60 种以上教材的编撰工作。本次系列教材编写联合全国 18 所高职艺术院校，集中全国艺术职业教育的优质资源，着力打造一批理念先进、内容科学、构架合理、特色鲜明的艺术职业教育精品教材。

　　全国艺术职业教育系列教材的出版，是对不断深化的艺术职业教育教学改革成果的总结。我们相信，它的广泛使用，将为实现全国优质艺术教育教学资源共享搭建平台，使艺术职业教育教学行为更系统、规范、科学，从而推进全国艺术职业教育教学的整体持续发展，为实现文化强国战略提供坚实的人才支撑与质量保障。

总编委会

2012 年 9 月

编写说明

　　《乐器发声基本原理》是高等艺术职业学院面向调律专业以及乐器维修专业学生的一本专业理论性教材，同时也是社会音乐方向的一本通用型教材。编者在不断进行教学研究和教学改革的探索中，本着一专多能的培养思想和目标，为了使学生在传统教学的基础上能学习到更多新知识，能更好地使自身专业与市场需求量大的职业相融合，该书的指导方向是既符合国家对职业院校的规划和发展思路，又符合市场需求。

　　本书一改传统的以某单一理论为基础的学术性著述，而是结合专业将相关理论综合在一起，使知识既全面又通俗易懂。将教材按不同知识点进行细致分类，从而达到教学目的明确、教学过程系统化的要求。在编写上综合了该专业所需的律学常识、乐器的声学品质、乐器的材料学研究以及理论知识在实际中的运用等多方面知识，正好与学生的专业课形成良性互补，旨在让学生掌握专业技能的同时学习与之相关的理论知识，能知其然也知其所以然，从而更好地起到融会贯通的作用，成为市场需要的专业性人才。

　　本书共分为五个部分：声学基础知识介绍、律学基础知识介绍、中外律学简史、关于乐器制作材料的相关知识以及附录。其中，前四章将专业所需的基础知识及其在实际中的运用做了简单的梳理和介绍，最后附录针对学生应重点掌握的一系列问题分门别类进行回答，使知识更加通俗易懂。

　　该教材虽然为理论教材，但由于其使用对象为职业院校的学生，所以该教材在编写上，在响应国家"十二五"规划的同时，吸收总结了编者的众多教学经验，提炼了知识点，侧重实用性教学。学生通过该教材的学习，能在专业上获得更为长足的发展，在市场需求高端化的今天，成为社会、企业所急需的高素质人才。

目　　录

第一章

声学基础知识介绍

第一节　声学的基本概念

"音乐声学"旧称"音乐音响学",是将音乐学与物理学中的声学相结合进行研究的一门交叉学科。"音乐声"是该学科的主要研究对象,对音乐与声音有关的各种物理现象如钢琴调律中的拍音、弦乐器产生的共鸣、听觉系统对音色的感知等进行研究,是音乐声学的主要研究内容。

在西方,"声学"一词最早出现在 18 世纪初期的法国,由物理学家索维尔(Joseph Sauveur)提出。而在亥姆霍兹提出声学就是用实证手段研究音乐音响问题后,音乐声学成为了西方音乐学研究的主体。

在中国,"声学"一词在北宋正式提出,宋代著名的科学家沈括在他所著的《梦溪笔谈》中提道:"以管色奏双调,琵琶弦辄有声应之,奏它调则不应,宝之以为异物。殊不知此乃常理。二十八调但有声同者即应,若遍二十作调而不应,则是逸调声也……人见其应,则以为怪,此常理耳。此乃声学至要妙处也。今人不知此理,故不能极天地至和之声。"(摘自沈括《梦溪笔谈》卷六《乐律》二),此段即阐述了物质材料可同特定的音调产生共振的现象,并在中国历史上第一次提出了"声学"一词。但在《梦溪笔谈》之前,中国的声学研究与律学是密不可分的。

现代的音乐声学则是将物理学、音乐学、心理学、计算机科学、生理学等多个不同的学科汇合而成的一门交叉型前沿学科。学者们希望通过对此学科的研究能够更客观地去了解音乐、创造音乐。学者们将研究的重点放在了音乐声的发生、音乐声的传播、音乐声的接收和音乐声的性质四大内容上。

一、一般声学

一般声学作为物理学的一个分支,是音乐声学的基础,它向人们提供有关声学的基础知识:声音作为物理现象的本质和本性是什么?乐音与噪声的区别何在?音高、音强和音色就其客观存在而言是一些什么样的物理量?

古人对音质音色的认识带有神秘感,只能借助各种类比词加以描述。用近代物理学方法进行分析的结果表明,每一种音色都是由许多不同频率(音高)的振动叠加而成的复合振动状态,可采用频谱分析的方法对它们进行解剖式的科学描述。声音通常是通过在空气中的传播而到达人耳的,因此空气中的声波就是一般声学必须研究的对象,它在空气中的传播速度(声速)、波长,遇到障碍物之后的反射、绕射,所形成的行波、驻波,不同频率的声能在空气中自然消蚀的不同程度等,在声学中都已得到研究。共振现象是声学中的重要研究课题,就能量传导而言,可有固体、气体、液体(内耳淋巴液)等不同的传导途径;就其强度与稳定程度而言,则涉及共振体的固有频率问题,激发与应随共振的两物体频率之间的整数比例关系问题，即与谐音列有关的谐振问题。这也是和谐感、音程协和性、律制生律法问题的一般物理学、数学基础。

近半个世纪以来，电声学已成为一般声学中分量日益加重的组成部分，电鸣乐器的出现已使电磁振荡成为声源的一种，在日常生活中，音乐的保存、重放、传播也都借助于声波与电波的相互转化来实现，已使声与电紧密地联系在一起。因此在成熟的工业社会里，电声学也是音乐声学的基础。

二、听觉器官的声学

研究人耳的构造属于生理学、解剖学的范畴，但人耳何以能具有感受声波的功能，却还必须借助声学才能得到说明。况且由于听觉神经网络的构造过于精细，难以用神经系统解剖学的方法来研究，只能主要通过声学实验来了解其功能。解剖学能提供的知识至今还是十分有限的。

鼓膜是外耳与中耳的分界面，它将听道中的空气分子振动转换为锤骨、砧骨、镫骨这三块听小骨的固体振动。镫骨底板所"踩"的卵形窗是中耳与内耳的分界面，它将固体振动转换为耳蜗内淋巴液的液体振动，后者引起几千个微小器官里纤毛的共振，共振激起神经细胞的电脉冲。内耳的功能，以及它对声音的音高、响度、音色的感受特性等有关知识，则是由生理声学实验所积累的。关于对音高的感受，如人耳可闻音的频率范围，为分辨音高所需的最短时值，音高辨认的相对性、绝对性和近似性，对同时性、继时性两音相互间协和与不协和的分辨；关于对响度的感受，如人耳可闻音的强度范围，客观强度与主观响度之间的真数与对数关系（韦伯-费希纳定律），对不同音区的音客观上不同强度可能在主观上感受为同样响度（等响度曲线），同音持续与否对于响度感的影响，生理声学实验在这些方面都积累了比较确凿的数据。但是关于对音色的分辨能力，积累的资料还不多。

据推测，外周听觉神经具有分析功能，中枢神经的听觉区则具有综合功能；关于"主观泛音"现象（强的纯音会被感受为包含泛音在内），在解释中则假定内耳微小器官的纤毛可能发生谐振（谐音共振）。至于内心听觉与对节奏、音调、和弦的想象等能力的研究，由于更多与心理学交缘，尚未在音乐声学中得到充分概括。

三、乐器声学

乐器声学是音乐声学中历史最悠久、内容最丰富、实用性最强的一部分。它从理论上阐明乐器的发音原理、结构与功能的关系，并对乐器进行科学分类；面向实践则对乐器制作工艺学与乐器演奏技术提出指导性意见。

乐器的不同结构成分从功能上可划分为能源接纳、声源形成、共振、扩散等要素，而乐器分类则着眼于声源的类型。声源由固体振动构成的是第一大类，其下又可细分为体鸣、膜鸣、弦鸣，后两种依赖张力形成弹性振动的声源；声源由气体振动构成的是第二大类，其下又可细分为单纯气鸣与有固体（簧片、嘴唇）振动配合参与的气鸣两种；声源由电磁振荡构成的是第三大类。但乐器制作关注的重点却在共振，音质在很大程度上取决于共振的均匀性与谐振性，音量则取决于共振的充分性（又称及时扩散）。为了达到更理想的声源状态与共振状态，乐器制作在材料和形制上都需精心探寻（见乐器学）。音准问题是某些定音乐器必须关心的，但它还受制于律制。

乐器声学对乐器演奏技术的指导作用，主要集中在能源介入与声源形成这两个环节的处理方法上，是音乐声学中常被忽视的方面。这固然是由于各种乐器的演奏家未能从声学的科学高度总结其演奏经验，同时也由于音乐学家多缺乏声学知识，在演奏评论中不善于从这一角度指出优劣。

四、室内声学

对音乐在室内表演的声学条件进行研究，是建筑声学与音乐学交缘的学科领域。建筑声学中有些问题（例如隔声、抗震）与音乐并无直接关系，但有些问题则与音乐表演的音响效果关系密切，这些统称室内声学问题。

室内声学需注意到如下问题：房室厅堂的几何形状为了防止出现房间自身固有频率对音乐音响的干扰歪曲，必须消除对墙面之间、地板之间平行的方向关系，消除可能造成声灶的空穴、凹面；为了使声波在室内多次往返反射又防止出现回声，房间长宽比例不得过于悬殊，各个部分的吸音性能应当均匀，并在墙面上多设置扩散体；各个表面装修吸音材料的目标是达到适度的混响时间，混响时间在各个频率区应大体均匀（过高区可趋短），而其秒数（0.8~2.2）则取决于房间容积的大小以及所唱奏的音乐风格类型。

在结合使用电声的条件下，以及为录音工作创造良好室内音响条件的要求下，室内声学设备已有不少新发展。

五、音律和谐的声学

侧重数理的声学分支，为音阶、调式、和谐理论提供了物理学和数学依据。由于这一学科历史悠久，有关律制的研究成果已形成律学这一专门学问，但律学还不能包括这一学科的全部内容。近代以来，在结合听觉器官的声学特性研究和谐问题的过程中，发现了不少有待解释的现象，开辟了新的研究方向。

不同音高的两音波叠加，因互相干涉而形成时强时弱的周期性交替，当周期性的强音稀疏可数时，称为"拍"，当其稠密不可分辨时，就在听觉器官中融成第3个音，称为差音，其频率是前两音频率之差，例如，前两音为442Hz、440Hz，则差音为2。差音现象最早为意大利中音提琴家兼作曲家 G. 塔尔蒂尼在1714年所发现。差音之所以可被听到，与听觉的和谐感有关。

关于听觉对协和与不协和的分辨问题，19 世纪后半叶德国生理学家兼物理学家 H. 黑尔姆霍尔茨与音乐心理学家兼比较音乐学家 C. 施通普夫分别进行了实验研究。前者认为，能否听到"拍"，是感觉协和与否的分界线。后者认为，能否感到两音融合为一，是协和与否的标志。但是这两种理论对于非同时性而是继时发出的两音之间协和与否的解释都是无效的。并且由于听觉对音高分辨的近似性（带域特性），微微偏离协和关系仍可感觉为协和，例如，平均律小六度和声音程有明显的"拍"，仍可感到协和；反之，由于使用条件的改变，协和亦可变为不协和，如大三度音程在调式中用作减四度音调时就令人感到不协和。这就涉及人工律音程在听觉器官中向自然律音程转化及其规律性问题。

此外，关于泛音列与沉音列在和弦与调式形成中有无作用这一争论了几百年、对和声学与调式理论具有根本指导意义的问题，也并非听觉器官之外的物理学问题，必须结合听觉生理声学乃至与内心听觉等有关的心理声学这些特殊物理学领域的探讨，才有希望找到答案。

第二节　声学中的物理概念

一、关于振动

物体围绕一个位置作往返运动，即称为"振动"。振动是宇宙中一种永恒的运动方式，我们的宇宙中无时无刻不在发生着振动：大至星球的运行，小至基本粒子的碰撞，再到我们心脏的跳动，无不与振动有关。一切声音（包括音乐声）产生的物理基础是振动。

（一）周期性振动

每经过一定时间，物体振动形态与起始时的状态（包括物体位置、方向、速率、速度变化率等）完全一样的振动叫周期性振动。如地球围绕太阳的转动、弦乐器琴弦和手风琴簧片的振动，都属于周期性振动。

（二）非周期振动

非周期振动与周期性振动相反。如弦乐器拉奏或拨奏时琴弓或指甲与琴弦刚刚接触的一刹那的振动就属于非周期性振动。在音乐中既有周期性振动，也有非周期性振动。

（三）简谐振动

人们常以一种最简单的振动形式作为振动的基本模式，称之为"简谐振动"。"简谐振动"是一种周期性、没有衰减、周而复始的正弦或余弦形振动。

振幅、周期和相位是简谐振动存在的三要素，其中，振幅与音强变化有关，周期与音高变化有关，相位与声像变化有关。

（四）阻尼振动

振动物体的振幅随着时间延续而衰减的振动叫做"阻尼振动"。在我们地球上，如果没有外界给予能量补充，所有的振动都是要衰减的。所以自然界中存在的振动大多是阻尼振动。阻尼振动主要受到来自材料性质、几何形状和外部阻力的影响。例如，钢琴的止音装置主要是运用了材料性状和外部阻力的因素。

中国古代乐工为了避免编钟延时太长，就在制作编钟的材料中加入一定比例的铅，用以降低钟体本身的 Q 值，从而保证编钟演奏起来不至于产生太多的余音干扰。

对制作提琴音箱的木材来说，制作者总是以 Q 值高或者说阻尼振动系数小的材料为上品，因为用这样的材料制作出来的提琴发音更灵敏、更洪亮。

二、关于振动频率

频率（frequeny）指物体每秒钟振动的次数，它是与乐音高度直接联系的一个物理量，单位叫赫兹（Hertz），符号为 Hz，常用单位有千赫（KHz）、兆赫（MHz）。

普通钢琴最低一根线（A2）的振动频率是 27.5Hz，最高（c5）是 4186Hz。中波收音机的波段为 550KHz—1760 KHz，调频收音机为 50 MHz—110 MHz。人耳感受振波的波段为 20Hz—20000Hz。

尽管我们的生活空间中充满了各种形式的波动，但由于绝大多数都超出了我们听觉感知的范围，所以我们可以"充耳不闻"。

（一）固有频率（natural frequency）

任何物体，基于不同材质、结构、体积等因素，都有其自身的振动频率，即"固有频率"。乐器可以视为由不同物体组合而成的复合物体，往往具有多种不同的固有频率。例如：二胡是由音箱、振膜、琴马、琴杆、琴弦、弦轴和琴弓等部件组合而成，因此二胡的固有频率也是多种多样的。

（二）共振（resonance）

当外部策动力的频率与物体固有频率非常接近或完全相等时，振幅会迅速达到它可能的最大值，这种现象称为"共振"。

由共振现象产生的声音变化称为"共鸣"。共鸣现象在日常生活和音乐演奏中无处不在。

古人很早就发现了共鸣现象。中国 9 世纪人南卓在其所著的《羯鼓录》中就记述了一个有关共鸣的故事：故事的主人公太常承宋岩，耳朵极为灵敏。一日，他来到一个名叫光宅寺的寺院，忽闻院内佛塔上传来风铎的声音，并听出其中一个铎的声音很独特。光宅寺的僧人告诉他，这个风铎常常"无风自摇"，他立即告诉僧人其中的缘故：因为有人在光宅寺内敲钟，风铎便应声而振。为了进一步证实他的说法，在经寺僧允许后，他差人将风铎从塔上取下，回到当时皇家乐府机构——太常寺，并让乐工和寺僧观察他所进行的共振实验。在约定好的时间，一边让人敲钟，一边让人观察该风铎是否应声而鸣。最后实验证实了他的说法。

三、关于波

波是以特定形式传播的物理量或物理量的扰动。"波"是信息的载体，我们每天都生活在"波海"里。

（一）横波与纵波

横波是指波的传播方向与介质或物理量振动方向相垂直的波。传送无线电、电视和手机信号的电磁波就属于横波，光波是电磁波的一种，因而也是横波。

纵波是指介质或物理量的振动方向与波的传播方向相同的波。由于这种波在传播过程中会产生介质的疏密变化，因此，纵波又称"疏密波"或"压缩波"。声波属于纵波，我们的耳朵听到的声音就是空气的压缩和舒张刺激耳膜而产生的。

（二）波长

无论横波还是纵波，每个波经过一个周期以后，振动形态就会重复，而波也传播了一定距离，这个距离就称为"波长"（wave length）。两个波峰之间的距离就是波长，常用字母 λ 表示，通常使用的计量单位是"米"。

（三）机械波与电磁波

机械波（mechanical wave），即机械振动在介质中的传播，常见的机械波有：水波、声波、地震波。我们常说的"声波"，属于一种特定形式的机械波。"可听声波"为20Hz—20000Hz，"次声波"低于20Hz，"超声波"高于20000Hz。在声波传播时，当振动频率、振幅和传播速度相同而传播方向相反的两列波叠加时，就会产生驻波（standing wave）。

电磁波又称电磁辐射，是由同相振荡且互相垂直的电场与磁场在空间中以波的形式移动所形成的波。电磁辐射可以按照频率分类，从低频率到高频率，包括有无线电波、微波、红外线、可见光、紫外光、X-射线和伽马射线等。人眼可接收到的电磁辐射，波长在380~780nm，称为可见光。只要是本身温度大于绝对零度的物体，都可以发射电磁辐射，而世界上并不存在温度等于或低于绝对零度的物体。

电磁波与机械波的异同：机械波由机械振动产生，电磁波由电磁振荡产生；机械波的传播需要特定的介质，在不同介质中的传播速度也不同，在真空中根本不能传播，而电磁波（如光波）可以在真空中传播；机械波可以是横波和纵波，但电磁波只能是横波；机械波与电磁波的许多物理性质，如折射、反射等是一致的，描述它们的物理量也是相同的。

（四）声速

声速即声波传播的速度。声音在空气中传播的速度与介质的温度有关，即：v = 331.5+0.6t 米/秒（t＝摄氏温度（℃）），如室温为 14~15℃，则 v≈340 米/秒。在不作精确要求时，我们可以把空气中的声速按 340 米/秒来计算。

在不同的介质中,机械振动的传导速度是不一样的。质地越硬,密度越大,振动传导的速度越快。由于振动传导速度与振动频率成正比,所以,同一个振源,在不同的介质中听,其音高就会发生变化。在声速快的介质中,声音就会变高。

(五)关于声压

声压(sound pressure)是指声波产生的压力。就我们平时所听到的音乐而言,当音乐声在空气中传播时,空气的疏密程度会随声波的改变而变化,疏密程度的变化会使空气在原有大气压强的基础上产生一个交变压强,这个交变压强就是声压。声压使用了国际单位制中表示压强的单位——帕斯卡(Pa),简称帕。

声压的度量通常以对数坐标方式进行,某声压与参考声压之间的对数关系被称为声压级,单位分贝(dB)。

音乐界和音响工程领域常称之为"音强"或"音量",是指人耳感觉到的声音大小或强弱,是一种主观感觉。研究表明,音强的感觉主要取决于到达耳部的声压强度。中耳的耳鼓和听小骨对声波具有放大作用,根据计算,一般情况下,可以将外耳传进声波的声压放大30倍。

当两个高度比较接近的乐音同时发声时,会产生一种有规律的强弱变化效果。它不是真正的音,而是人耳对声音强弱变化产生的一种"抖动"的感觉。

第三节 声音的传播特性

一、声波的叠加性

声波的叠加性是指如果有两组以上的声波在一个共存空间内相遇,总的声波能量等于各个声波能量的矢量和。矢量指有方向的量,对声波而言主要与声波的相位有关。例如,两把二胡在一个房间内演奏同一首乐曲,其声波能量等于每把二胡声波能量的矢量和。假若两组相位相同的声波在同一空间内叠加,其声波能量就会增加,人们就会感觉到声音增强;若相位正好相反的声波叠加,其矢量正负相抵,声波能量就会减弱,甚至全无。

二、声波的干涉性

声波的干涉性是指当两组振动频率稍微不同的声波在同一空间叠加时,产生的一种振幅瞬时增强和减弱的现象。

在我们的听觉中,会产生声音忽大忽小的感觉,这就是拍音。拍音实际上不是音,而是一种强弱变化造成的一种抖动感。其抖动频率与两种声波的频率有关,即拍音数 $f_0 = f_1 - f_2$。

例如,法国物理学家索维尔的实验,440Hz 和 441Hz 的两组声波在同一空间相遇。

三、声波的反射性

声波的反涉性是指声波在传播的过程中，遇到刚性界面时会产生反射，这一点与光波的反射一样。

四、声波的折射性

声波的折射性是指声波从一种介质传播到另一种介质时，会发生折射现象。这是由于声波在两种介质内的传播速度不一样。

与反射情况相同，入射线与折射线在折射面法线的两侧，而且入射线、折射线与折射面的法线在一平面内，其公式为：$\sin i_1 \div \sin i_2 = v_1 \div v_2$。

五、声波的衍射性

声波在传播过程中遇到有边界刚性界面时，还会发生衍射，又称绕射。即波在传播中遇到障碍物后，绕过障碍物的边缘，在障碍物背后展衍的现象。

六、声波的独立传播性

由两个波源发出的波在空间会合后，还继续沿着各自原来的方向传播，这就是声波的独立传播性。

第四节　乐　器　声　学

一、弦乐器声学

（一）弦乐器发音原理概述

以弦的振动为发声源的乐器，称为弦乐器。按萨克斯-霍恩博斯特尔分类法，则称为"弦鸣乐器"。

人类大概在制造和使用弓箭的时候，就懂得了弦可以发出声响。人类使用弦乐器的历史至少有 5000 年。

据《诗经》记载，我国西周时期已有拨弦乐器（今通称"古琴"）和瑟（筝的前身），迄今为止，我国已发掘出的春秋战国时期的瑟有数十件之多。时代较早的有湖北当阳曹家岗楚墓出土的春秋晚期的瑟。战国时期流行的弦乐器还有筝和筑。筑是以竹尺敲击发音的弦乐器，有学者认为最早的弓弦乐器就是从筑演变而来的。

从世界范围看，最古老的弦乐器出现在美索不达米亚地区（今伊拉克的大部分地区）。在那里，从公元前3000多年的乌尔国王墓葬群中发掘出了9架里拉琴，还有竖琴。

任何一件完整的弦乐器一般都由如下基本结构构成：①激励系统，如小提琴的琴弓、钢琴的琴槌、弹竖琴的手指等。②弦振系统，包括琴弦和张弦装置。③传导系统，如琴马。有些弦乐器传导系统和张弦装置合二为一，如竖琴、古琴、琵琶等。④共鸣系统，用以加强弦振波的扩散。共鸣系统有的是板体，如钢琴的音板；也可以是一个腔体，如小提琴的琴箱。⑤调控系统，如调弦装置。钢琴的延音踏板，以及现代电子弦乐器的电子扩声装置等。

弦乐器的发声原理可以归纳为以下几个要点：

1. 由激励装置对弦进行触发，使弦振动发声。演奏家通过改变弦长（按指或弦序）和激励方式（演奏技巧）来改变弦乐器的音高、音色和音长。

2. 利用共鸣系统来加强弦振动的声能扩散，增大音量。一般来讲，单纯振动产生的声能辐射范围有限，音量很小，因此绝大多数弦乐器都经过共鸣系统来加强振动的声能扩散。除此之外，由于共鸣系统可以突出某一频段的声音能量，因此共鸣系统不仅可以扩大音量，而且还可以改变乐器的音色。从这个角度看，弦乐器共鸣系统的声学性能对弦乐器音质的影响是至关重要的，所以当乐器制造师想改善一件弦乐器的声音性能时，往往都是从共鸣系统入手。

3. 利用声学调控装置对乐器发声状况（如音长、音色和音量）加以控制或改变。一般来讲，击弦乐器和拨弦乐器上的调控装置，主要用于控制音的时值，因为这类乐器的发声特点是，琴弦一旦被激发后，声音不能延续，调控装置所起到的作用，是对激发后的琴弦发声状态加以控制，以符合音乐作品中的时值要求。对擦弦乐器来说，由于发声状态一直被激励体（琴弓）所控制，故无需加装控制时值的调控装置。利用调控装置改变弦乐器音量和音色的例子也很多，如钢琴的弱音踏板、小提琴的弱音器都可以改变音量和音色。

（二）弦振动的一般特性弦的振动方式

弦受激励时，会同时产生三种类型的振动——横、纵和扭转振动。

1. 横振动：指振动方向与传播方向垂直的振动。电磁波、光波的振动属于横振动。

2. 纵振动：指振动方向与传播方向相同的振动。声波的振动属于纵振动。

3. 扭转振动：指弹性物体围绕其纵轴产生的扭转变形的振动。

一般在一根琴弦的振动中，既有横振动、纵振动，也有气团振动。

（三）击弦乐器

以敲击琴弦作为激励声源的乐器，称为"击弦乐器"。根据结构的不同，击弦乐器又可以分为两大类，一类是由激励、弦振、传导、共鸣和调控5个系统组成，如扬琴；另一类则又多了一套键盘控制系统，如钢琴。但二者的发音原理完全相同：由击锤敲击琴弦，使琴弦产生振动，通过琴马传至共鸣体，声能由此而得到扩散。

从音乐声学角度讲，演奏击弦乐器时，音高变化主要由弦的长度决定，音量变化主要由击弦的力度和速度决定。对于有键盘系统的击弦乐器来说，由于击弦位置的相对固定，如钢琴一般在有效弦长的 1/7～1/9 处，音色变化则主要由触键的力度和速度决定；对于无键盘系统的击弦乐器（如扬琴）来说，因为其击弦位置不固定，故还可以通过改变击弦位置来改变音色。对于击弦乐器来说，作为激励琴弦的撞击物，其形状、质量、材料弹性和刚度对音色和音量有直接影响。

（四）擦弦乐器

以弓和弦的摩擦作为弦振动激励源的乐器，称为"擦弦乐器"或"弓弦乐器"。西方擦弦乐器的主要代表是各种各样的提琴，而中国擦弦乐器的代表则是各种各样的胡琴。

1. 西方的擦弦乐器——提琴

小提琴是众所周知的西方管弦乐器中最主要的乐器，是包括中提琴、大提琴和低音提琴在内的弓弦乐器族系中最小的成员。小提琴于 1550 年前后由当时流行的乐器雷贝克和臂提利拉提琴脱胎而出。目前对小提琴最早的明确记载是 Jambe de Fer 于 1556 年出版于里昂的《音乐摘要》。此时小提琴已经传遍欧洲。但关于小提琴的起源，史学家有许多不同的说法，有一说是起源于"乌龟壳琴"：有个年轻人在沙滩上散步，忽然听到一种悦耳的声音，他仔细查找，原来是踢到空龟壳后龟壳震动发出的声音。他回家一琢磨，发明了一种类似空龟壳的乐器。这就是小提琴的开山鼻祖。后来，它演变成现在的样子，可"万变不离其宗"，小提琴的琴孔还是龟背壳演变而来的。另外，还有说是起源于北非，有说是起源于印度，也有说是起源于西欧等。比较经典的还有这么一个传说：五千年前斯里兰卡有一位君主名叫瑞凡那，他把圆柱形的木头掏空制成了与我国二胡极为相似的乐器瑞凡那斯特隆，在漫长的历史长河中，瑞凡那斯特隆随着贸易往来而流传四方，这便是小提琴的鼻祖了。

不过有史料记载，最早的小提琴是由一位住在意大利北部城镇布里细亚（Brescia）名叫达萨洛的人制成的（Gaspa ro da salo，1542—1609 年）。但在同一个时期，格里蒙那（Cremona）城中的 A. 阿玛蒂（Andrea Amati，1520—1580 年）也制作了与现代小提琴更为近似的小提琴。从 16 世纪到 18 世纪，意大利的小提琴制造业随着音乐艺术的空前繁荣而得到了迅速的发展，出现了 G. P 玛基尼、N. 阿玛蒂、A. 斯特拉第瓦利和 C. 瓜内利四位杰出名匠。18 世纪以后，世界各国的小提琴制造业都是仿照意大利这些小提琴制作者的琴型和尺寸来制作小提琴的。近百年来，小提琴的结构也没什么大的改变，从这个意义上讲，意大利是小提琴的故乡。而玛基尼、阿玛蒂、斯特拉第瓦利、瓜内利当年所制作的小提琴，现今已成了稀世珍宝、旷世杰作。

现存最早的小提琴是一把"查理九世"（Charles IX），由阿玛蒂在 1560 年制作于意大利北部城市克雷莫纳（Cremoa）。而迄今为止最有名的小提琴，应该是斯特拉底瓦利 1716 年制作的"弥赛亚"（Le Messie），也作"Salabue"，这把琴现藏于英国牛津的 Ashmolean 博物馆。提琴的结构如图 1-1 所示。

制作小提琴的材料包括：上、下面板——云杉；侧板、琴颈、琴马——枫木；指板、系弦板——乌木（黑檀木）。

除小提琴外，维奥尔琴也是重要的擦弦乐器之一。维奥尔琴的出现早于小提琴，两

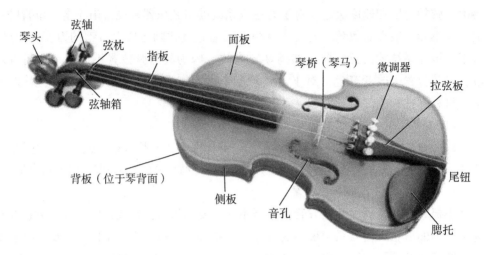

图 1-1 提琴的结构

者并存于 16 世纪。虽然维奥尔琴表面上看和小提琴相似，但二者仍有不少可加以区别的特征，最明显的是，维奥尔琴有文艺复兴时期的琉特琴那样带弦品的琴颈。维奥尔琴的音柔和而优雅，相较于音乐厅来说，对于家庭和室内更适用。约在 1700 年时，维奥尔琴被小提琴所取代。

古老的轮擦提琴实为半机械乐器，以摇柄转动木轮擦弦发音，但音乐仍需由手指按键演奏。对于唱机和唱片来说，音乐虽由机械构件发出，但音乐本身的来源却是人的直接演奏，与"机械乐器"的定义不符，不属机械乐器。

2. 中国擦弦乐器代表——胡琴

中国的擦弦乐器的主要代表是各类胡琴（如图 1-2 所示），主要有二胡、中胡、板胡、革胡、高胡和京胡。

图 1-2 胡琴

（1）二胡。

二胡始于唐朝，至今已有一千多年的历史。它最早发源于我国古代北部地区的一个少数民族，那时叫"奚琴"，如宋朝学者陈旸在《乐书》中记载的"奚琴本胡乐也……"唐代诗人岑参的"中军置酒饮归客，胡琴琵琶与羌笛"诗句，说明胡琴在唐代已开始流传，而且是中西方拉弦乐器和弹拨乐器的总称。二胡，过去主要流行于长江中下游一带，所以又称为南胡。它集中于中高音域的表现，音色接近人声，情感表现力极强，广为大众接受。1920年代，二胡开始作为独奏乐器出现在舞台上。在这之前，二胡多用于民间丝竹音乐演奏或民歌、戏曲的伴奏。

（2）中胡。

中胡，比二胡低四度到五度，琴筒比二胡大些，音色浑厚低沉，多用于乐团的中音部分或伴奏，其他构造和二胡几乎没什么差别。中胡的独奏曲很少。

（3）板胡。

板胡，胡琴家族的异类，和其他胡琴有很大的不同，板胡没有琴筒，音箱是由椰子做成，正面以桐木板蒙面，分为高音板胡、中音板胡和低音板胡。板胡的声音尖而高，音量奇大，指距很小，拉的时候手指全都挤在一起，尤其到了高音部分，指距更小，音很难抓准。板胡的著名演奏家有刘明源，常听到的独奏曲有《花梆子》《大起板》等。

（4）革胡。

革胡是因国乐团里没有低音乐器而模仿大提琴造出来的乐器，可以说是大提琴的中国版，指板、琴桥、弓子、定弦等，都和大提琴一模一样。革胡曾经是国乐团里唯一的低音乐器，但是现在已经渐渐被淘汰，大部分的乐团都选择直接用大提琴作为乐团的低音乐器，原因是革胡的琴桥在共鸣箱的侧面而不是正面，共鸣效果不是很好，而且革胡的琴皮是由蟒蛇皮制成，琴皮的面积又太大，要找到这样的大蟒蛇实在不是很容易。

（5）高胡。

高胡又名粤胡，是为了给粤剧伴奏而由二胡改造成的高音胡琴，是广东音乐的主要乐器。高胡的声音高亢清亮，传统的高胡在琴马底下没有垫布，也没有琴托，演奏的时候必须夹在两腿的中间，由两腿夹的松紧度和左腿盖住琴窗的百分比来控制琴的音色，通常琴和腿之间必须垫布，这布的质料和厚度也与音色有很大关系。现代的高胡经过改良之后，已经有了琴托，演奏的方法也和二胡一样。

（6）京胡。

京胡是在乾隆末年，随着京戏的形成，为了给京戏伴奏，在胡琴的基础上改制而成。京胡的音量非常大，一般的京剧伴奏乐团大概会有两把京胡，京胡可以说是京剧伴奏音乐的灵魂。京胡的琴筒由竹筒制成，琴皮不是蟒蛇皮，而是由青蛇皮制成，青蛇皮比蟒蛇皮薄，声音清脆响亮，既尖又高。不过京胡只限于京剧伴奏，独奏曲目较少，主要是因为京胡音色奇特，并不适用于现代国乐团。

胡琴的构件由九个主要部分组成，构造比较简单，由琴筒、琴杆、琴皮、弦轴、琴弦、弓杆、千斤、琴码和弓毛等组成的。

（五）拨弦乐器

以手指或拨子作为激励声源的乐器，称为"拨弦乐器"。

1. 中国拨弦乐器代表——古琴

古琴，亦称瑶琴、玉琴、七弦琴，为中国最古老的弹拨乐器之一（其构造图如图1-3所示），古琴是在孔子时期就已盛行的乐器，有文字可考的历史有四千余年，据《史记》记载，琴的出现不晚于尧舜时期。21世纪初，为区别西方乐器才在"琴"的前面加了个"古"字，称作"古琴"，它是至今依然鸣响在书斋和舞台上的古老乐器。

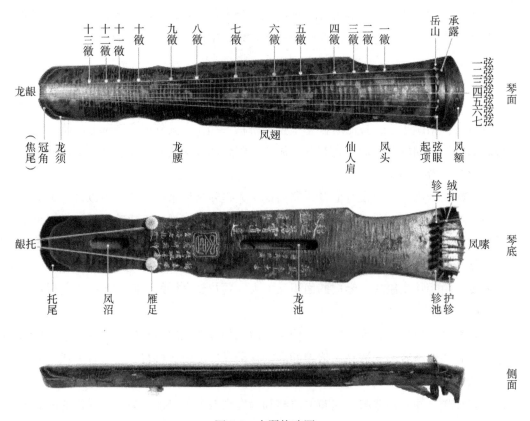

图 1-3　古琴构造图

在中国古代社会漫长的历史阶段中，"琴、棋、书、画"历来被视为文人雅士修身养性的必由之径。古琴因其清、和、淡、雅的音乐品格寄寓了文人凌风傲骨、超凡脱俗的处世心态，而在音乐、棋术、书法、绘画中居于首位。

春秋时期，孔子酷爱弹琴，无论是在杏坛讲学，或是受困于陈蔡，操琴弦歌之声不绝；春秋时期的伯牙和子期"《高山》《流水》觅知音"的故事，成为广为流传的佳话美谈；魏晋时期的嵇康给予古琴"众器之中，琴德最优"的至高评价，终以在刑场上弹奏《广陵散》作为生命的绝唱；唐代文人刘禹锡则在他的名篇《陋室铭》中为我们勾勒出一幅"可以调素琴、阅金经。无丝竹之乱耳，无案牍之劳形"的淡泊境界。

1977 年 8 月，美国发射的"旅行者"2 号太空船上，放置了一张可以循环播放的镀金唱片，从全球选出人类是具代表性的艺术，其中收录了著名古琴大师管平湖先生演奏的长达 7 分钟的古琴曲《流水》用以代表中国音乐。这首曾经由春秋时代著名琴家伯牙弹奏并因此与钟子期结为知音好友的古曲，如今又带着探寻地球以外天体"人类"的使命，到茫茫宇宙寻求新的"知音"。

琴的创制者有"昔伏羲作琴""神农作琴""舜作五弦之琴以歌南风"等说，作为追记的传说，可不必尽信，但却可看出琴在中国有着悠久的历史。

2003 年 11 月 7 日，联合国教科文组织在巴黎宣布了世界第二批"人类口头和非物质遗产代表作"，中国的古琴名列其中。2006 年 5 月 20 日，古琴艺术经国务院批准列入第一批国家级非物质文化遗产名录，归在"民间音乐"类。

2. 西洋拨弦乐器代表——竖琴

竖琴（英：harp；意：Arpa；德：Harfe），是一种大型弹拨乐器（如图 1-4 所示）。作为世界上最古老的拨弦乐器，早期的竖琴只具有按自然音阶排列的弦，所奏调性有限。现代竖琴是由法国钢琴制造家 S. 埃拉尔于 1810 年设计出来的，有 47 条不同长度的弦，7 个踏板可改变弦音的高低，奏出所有的调性。

图 1-4 竖琴

从图 1-4 可以看到，竖琴是一种包括了弧形颈部（或称为"梁"）（neck）、共鸣箱（resonator）、五金装置（主要作用相当于钢琴或小提琴的琴轸，放松或拉紧某条特定的弦）及琴弦（parallel strings）的弦乐器。它在世界不同地区，如中国、缅甸、爱尔兰、欧洲大陆、拉丁美洲等，又有着不同的形状、琴弦数、弹奏法。中国的箜篌就是其中一种，"诗鬼"李贺曾写过《李凭箜篌引》。

《李凭箜篌引》大约作于元和六年至元和八年（811—813 年），当时，李贺在京城长安，任奉礼郎。李凭是梨园弟子，因善弹箜篌，名噪一时。"天子一日一回见，王侯将相立马迎"，身价之高，似乎远远超过盛唐时期的著名歌手李龟年。他的精湛技艺，受到诗人们的热情赞赏。李贺此篇想象丰富，设色瑰丽，艺术感染力很强。清人方扶南把它与白居易的《琵琶行》、韩愈的《听颖师弹琴》相提并论，推许为"摹写声音至文"。

《李凭箜篌引》直译

吴丝蜀桐制成精美的箜篌，奏出的乐声飘荡在晴朗的深秋。
听到美妙的乐声，天空的白云凝聚，不再飘游；
那湘娥把点点泪珠洒满斑竹，九天上素女也牵动满腔忧愁。
这高妙的乐声从哪儿传出？那是李凭在国都把箜篌弹奏。
像昆仑美玉碰击声声清脆，像凤凰那激昂嘹亮的歌喉；
像芙蓉在露水中唏嘘饮泣，像兰花迎风开放笑语轻柔。
长安十二道城门前的冷气寒光，全被箜篌声所消融。
二十三根弦丝高弹轻拨，天神的心弦也被乐声吸引。
高亢的乐声直冲云霄，把女娲炼石补天的天幕震颤。
好似天被惊震石震破，引出漫天秋雨声湫湫。
夜深沉，乐声把人们带进梦境，梦见李凭把技艺向神女传授；
湖里老鱼也奋起在波中跳跃，潭中的瘦蛟龙翩翩起舞乐悠悠。
月宫中吴刚被乐声深深吸引，彻夜不眠在桂花树下徘徊逗留。
桂树下的兔子也伫立聆听，不顾露珠儿斜飞寒飕飕！

二、管乐器声学

（一）木管乐器

木管乐器包括长笛、双簧管、单簧管、英国管、大管、低音大管、萨克斯和排箫，它们都有一个可以吹出空气的中空管子。

木管乐器靠气流振动来发声，一般有两种振动方式。如果是最简单的木管乐器，当你往里面吹气时，进入和通过"吹孔"的空气会撞击管子中的一些部位，并通过这根管子的长度，来输送空气的振动从而发出声音。如果是其他有簧片的木管乐器，进入

"吹孔"的空气会使簧片振动，并引起簧片下面管内的空气振动，声音就这样发出来了。

管乐器起源很早，是从民间的牧笛、芦笛等演变而来。木管乐器是乐器家族中音色最为丰富的一族，常被用来表现大自然和乡村生活的情景。在交响乐队中，不论是作为伴奏还是用于独奏，都有其特殊的韵味，是交响乐队的重要组成部分。木管乐器大多通过空气振动来产生乐音，根据发声方式，大致可分为唇鸣类（如长笛等）和簧鸣类（如单簧管等）。

木管乐器的材料并不限于木质，也有选用金属、象牙或是动物骨头等材质的。它们的音色各异、特色鲜明。从优美亮丽到深沉阴郁，应有尽有。正因如此，在乐队中，木管乐器常善于塑造各种惟妙惟肖的音乐形象，大大丰富了管弦乐的效果。

1. 非簧片乐器（唇鸣类乐器）——长笛

（1）长笛简介。

长笛是非常优雅的乐器，它是现代管弦乐和室乐中主要的高音旋律乐器。

长笛（Flute）为吹孔气鸣乐器，广泛用于现代管弦乐队，有时用于军乐，也常用于独奏、重奏。它的家族有短笛，降 D、降 E 调长笛，G 调次中音长笛，C 调低音长笛等，而以伯姆式 C 调标准笛为其代表。

（2）长笛的历史。

长笛的流传已有好几个世纪，其历史甚至可以追溯到古埃及时代，当时它还只是竖吹的上面开孔的粘土管。长笛家族中的横吹笛最早于 12 世纪从亚洲传入欧洲，形似中国笛子（无膜的闷笛），经过 600 余年的不断改进，始成现代长笛。中世纪期间，早期的无键长笛主要用于军乐。至 17 世纪中叶始作为重要乐器，用于歌剧和宫廷乐队。长笛的首次重大改进，在 17 世纪后期，由法国木管乐器制造家 J. 奥特泰尔及其家族完成。而其根本性改革，则在 19 世纪 30 年代初，随着慕尼黑的特奥巴尔德·波姆发明了按键装置（后来亦被用于单簧管、双簧管和大管等），长笛完成了定型。

（3）长笛的材料及演奏方式。

长笛外形是一根开有数个音孔的圆柱形长管，整个管子分为吹口管、身管、尾管三部分。早期的长笛是乌木或者椰木制，现代多使用金属材质，如从普通的镍银合金到专业的银合金，9K 金和 14K 金等，目前多使用的为纯银笛头的长笛。

长笛演奏时以手横持，由吹口吹进气体，让管腔内的气柱自由振动，不需借助任何簧片，使笛子发出一种柔和、明亮清澈的音色，除了呼吸的控制外，另外还可利用舌奏及泛音加强音色的变化。其音域在三个八度左右。

长笛为木质或金属管状体，全长 62 厘米，笛头闭塞，塞头距管端约 5 厘米，笛尾开放。为便于携带与调音，由 2 或 3 段插接组成。笛身为圆柱体，内径 1.9 厘米，从与笛身插接处起，其内径至塞头渐缩细为 1.71 厘米。以离塞头 1.7 厘米为中心，开椭圆吹孔，上覆吹孔盖，开同样椭圆孔，与吹孔相连，使盖面与孔壁形成锐角，气流即冲击此边棱，激棱发音，管壁开指键孔若干，用指尖控制音键启闭，以变换开管长度，产生不同音高。

长笛音色柔美清澈，音域宽广，中高音区明朗如清晨的第一缕阳光，低音区婉约如清澈的月光；而且长笛擅长花腔，演奏技巧华丽多样，在交响乐队中常担任主要旋律，是重要的独奏乐器。

（4）应用与曲目。

长笛为管弦乐队中木管组中的高音乐器，音色优美，音域宽广，奏法繁多，表现力丰富，与弦乐、木管、铜管乐器合奏亲和力强。一般交响乐队至少用 3 只，第 3 兼短笛，规模较大者再加中音长笛。作为独奏乐器，长笛可以不用伴奏，如 J. S. 巴赫的《a 小调奏鸣曲》等。用钢琴、竖琴、吉他或乐队伴奏的独奏曲、协奏曲等曲目也很多。在室内乐中，长笛加双簧管、单簧管、大管成为管乐四重奏，再加圆号，即成管乐五重奏。此外还有各种组合，如莫扎特写了 3 首长笛四重奏，用长笛取代第 1 小提琴，加上小、中、大提琴组成。长笛本家族也有多种组合，近代作品更加入短笛，和高、中、低音长笛等搭配成长笛五重奏、六重奏甚至十重奏等。

历代大作曲家都有长笛曲目创作，如巴赫的 6 首奏鸣曲，3 首《勃兰登堡协奏曲》，《b 小调组曲》；贝多芬的《B 大调奏鸣曲》；莫扎特的 3 首协奏曲；A. 维瓦尔迪的 13 首协奏曲；泰勒曼的 12 首幻想曲；G. F. 德尔的 7 首奏鸣曲；J. 海顿的协奏曲与 3 首奏鸣曲。

欣赏：2007 年 5 月，长笛演奏家艾米·波特在台北演奏的泰勒曼$^{\#}$f 小调幻想曲；

长笛四重奏《野蜂飞舞》。

（二）铜管乐器

铜管乐器（Brass Instrument）是一种将气流吹进吹嘴之后，造成嘴唇振动的乐器。它们也被称为"labrosones"，字面上的意思是"嘴唇振动的乐器"。多数专家认为，是否被称为铜管乐器，应该是由乐器所发出的声音来决定，而并非看乐器是不是由金属做成。因此，有的时候会发现用木头制成的铜管乐器，像 Alphorn、Cornett 等，也有许多木管乐器是由金属做成，例如萨克斯管。铜管乐器的前身大多是军号和狩猎时用的号角。在早期的交响乐中使用铜管较少。在很长一段时期里，交响乐队中只用两只圆号，有时增加一只小号。到 19 世纪上半叶，铜管乐器才在交响乐队中被广泛使用。铜管乐器的发音方式与木管乐器不同，它们不是通过缩短管内的空气柱来改变音高，而是依靠演奏者唇部的气压变化与乐器本身接通"附加管"的方法来改变音高。所有铜管乐器都装有形状相似的圆柱形号嘴，管身都呈长圆锥形状。铜管乐器的音色特点是雄壮、辉煌、热烈，虽然音质各具特色，但宏大、宽广的音量为铜管乐器组的共同特点，这是其他类别的乐器所望尘莫及的。

交响乐队中的铜管乐器一般包含小号（Trumpet）、短号（Cornet）、长号（Trombone）、圆号（French Horn）、大号（Tuba）等几种。

现代铜管乐器一般有两个家族：按键式铜管乐器和非按键式铜管乐器。

1. 按键式铜管乐器

按键式铜管乐器是由好几个按键组合而成（一般是 3 个或 4 个，但也有 7 个或 7 个以上的情况），由演奏者的手指视演奏的需要来调整管子的长度。这一家族包括除了长号之外的所有现代铜管乐器：①高音乐器：小号（Trumpet）、短号（Cornet）；②中音乐器：法国号（Horn）、柔音号（Flugelhorn）、行进圆号（Mellophone）；③次中音乐器：上低音号（Euphonium）、下中音号（Baritone Horn）；④低音乐器：低音号（tuba）、苏沙号（Sousaphone）；⑤室外乐队使用的萨克号系列（Saxhorn）。

由于现代按键式乐器在铜管乐器中占大多数，关于按键式乐器的操作在后文再加以详述。按键通常是活塞式的，但也有转阀式的。转阀式按键是法国号的标准配备，有的时候也会被使用在低音号上。

2. 非按键式铜管乐器

非按键式铜管乐器中最主要的是滑管铜管乐器，此外，还有两个铜管乐器家族，即自然铜管乐器和开孔铜管乐器。在现在来看，它们已经是老古董了，但偶尔会被用来演奏巴洛克时期或古典时期的乐曲。

①滑管铜管乐器，使用拉管来改变管子的长度。滑管乐器的主要乐器是长号家族，但是按键长号偶尔也被使用，特别是在爵士乐中。长号家族的祖先Sackbut以及民族乐器Bazooka也都是滑管家族。

②自然铜管乐器，只能够演奏出自然泛音，例如号角（Bugle）。小号在1795年之前是一种自然铜管乐器，而自然号是在1820年前开始被使用。现今自然号仍然在一些庆典中使用，如升旗降旗使用的立正号令（Mi-Do-Sol）与稍息号令（Sol-Mi-Do）。

③开孔铜管乐器是在乐器上有一连串的孔，像木管乐器使用手指或是按键去盖孔。这类乐器包括号角、号筒等，它们比按键式乐器还要难演奏。

④其他铜管乐器：Alphorn（木制）、Conch（兽角）、Didgeridoo（木制、澳洲）、Natural horn、Shofar（horn）、Wagner tuba。

3. 铜管乐器的发声

铜管乐器主要是由号管、活塞（或伸缩管）、号嘴、调音管、变调管及放水键等部件构成。

吹奏时，空气通过双唇间的缝隙喷入号嘴时，双唇会产生振动而发声，唇的振动经过共鸣管的耦合得以增强，共鸣管长度的变化可以改变音高和音色，最后通过喇叭形的号口将声音传出。

所以，一件完整的铜管乐器一般包含声学构成中的三个部分，即激励系统、共鸣系统和调控装置。

激励体是吹奏者的双唇和吹嘴杯，这里的嘴唇相当于木管乐器的簧片，即唇簧。

由于铜管乐器采用嘴唇作为簧片，因此铜管乐器可以让乐手调准自己嘴唇的情况，从而吹出不同的泛音（谐音）。共鸣体即管体，调控装置指按键、伸缩管、弱音器。

理论上来说铜管乐器可以吹出16个泛音：

①空气柱整个振动（即全号管长度），发音是泛音列的基音；

②空气柱划分为二等分时，第二泛音，比基音高八度；

③空气柱划分为三等分时，第三泛音，比基音高八度和一个纯五度；

④空气柱划分为四等分时，第四泛音，比基音高两个八度；

⑤空气柱划分为五等分时，第五泛音，比基音高两个八度和一个大三度；

⑥空气柱划分为六等分时，第六泛音，比基音高两个八度和一个纯五度；

⑦空气柱划分为七等分时，第七泛音，比基音高两个八度和一个小七度；

⑧空气柱划分为八等分时，第八泛音，比基音高三个八度；

⑨空气柱划分为九等分时，第九泛音，比基音高三个八度和一个大二度；

⑩空气柱划分为十等分时，第十泛音，比基音高三个八度和一个大三度。

而一般三键铜管乐器在乐曲中大多使用第二至第六泛音，偶有使用第八泛音者（第七泛音音准不佳，一般不用）。而四键乐器由于可以依靠第四键来使得仅利用按键便可以将乐音降低大七度，因此也增添了使用第一泛音的可能性。比较例外的是法国号，由于管径较细，因而可以使乐手吹出较高的泛音（空气速度较快，参见伯努利定律），大多使用第三至第十二泛音（偶有使用第二泛音者，例如管乐版的《行星组曲·火星》第一个音。）

4. 按键式铜管乐器——小号

小号，俗称小喇叭，也是铜管乐器家族的一员，常负责旋律部分或高亢节奏的演奏，是铜管乐器家族中音域最高的乐器。常用于军乐队、管弦乐团、管乐团、爵士大乐团或一般爵士乐等。

小号乐器本调为降 B 调，应用谱号为高音谱号，移调高大二度记谱，实用音域为小字组 F-小字二组 C。

小号使用五线谱高音谱表记谱，用固定唱名法，即固定高音概念进行演奏。当今有降 B、E、D，降 E、F、G、A，高八度降 B 等多种调的小号，这些调是根据演奏第一泛音列的高音来确定的。我们通常使用的小号是降 B 调。如果小号同钢琴等 C 调乐器在一起演奏同一旋律时，小号必须提高大二度，也就是以 C 调乐器演奏。

近代最常见的小号为♭B 大调小号（降 B 大调），亦有 C、D、♭E、E、F、G 和 A 调的小号，因此，小号也是铜管乐器中音域最窄的乐器。而管弦乐团中最常见的小号谱为 C 调，因此小号手需转用 C 调小号或使用其他调的小号然后转调，而 C 调的小号管身较短，吹出的音色较嘹亮。

小号的历史可以追溯到 3000 年前的古埃及，据说公元前 1200 年左右，亚历山大一世在进攻特洛伊城和进军古罗马城时就用过小号。欧洲各民族是从古罗马人那里知道小号这件乐器的。

小号最初的形状是一根笔直的管子，一端有漏斗形的喇叭口，另一端是吹口，其长度可达数米。这是一种有杯形吹嘴的高音铜管乐器，它在同类乐器中占据着领导地位。小号的音色慷慨嘹亮，作曲家经常用它来描写战争。《圣经》上说："杰里科城墙之坚，不足以抵挡其音。"小号声音铿锵之程度，由此可见。然而小号加上弱音器时，又会发生一种近似诙谐的意味。

15 世纪起，小号就有了 S 形的卷曲形状，16 世纪以后改成了与现代小号接近的椭圆形卷曲形状，这就是当初的自然小号，后来发展成为带插管的小号。插管小号是在 1780 年由德国乐器制造师约翰·安得丽亚·斯坦因和约盖根据圆号的形式制造的。直到 19 世纪初才出现了有活塞装置的小号。

现代的小号则起源于 18 世纪的德国。现代小号都是把号管卷曲成长椭圆形，号管总长的前七分之五为圆柱形，后七分之二为圆锥形，末端是不太大的喇叭口。

与古代的自然小号相比，现代小号的号管整整缩短了一半。♭B 调小号号管长约 133 厘米，C 调小号号管长约 116 厘米，A 调小号号管长约 141 厘米。小号 M 管内径为 11.65 毫米，喇叭口直径为 123 毫米。

传统的小号音乐传达的是节庆或战争的情感，在巴赫和亨德尔这样的巴洛克作曲家的作品中也被大量采用。古典作曲家海顿的作品中也特别用到了小号，他的降 E 调小号协奏曲一直是器乐曲中的经典。总而言之，小号在过去的岁月中经历了众多的变革，已成为少数经过时代检验的乐器之一，并仍随着新的音乐形式和使用需要而不断变革。

小号音色强烈，明亮而锐利，极富光辉感，是铜管乐器家族中的高音乐器，既可奏出嘹亮的号角声，也可奏出优美而富有歌唱性的旋律。小号使用弱音器可增加神秘色彩，因此小号在巴洛克音乐、古典音乐和军乐中都有很丰富的演出节目。从小号的发音力量来看，它是乐队中最突出的乐器，常常只使用一支小号吹奏，就能与全体木管乐器及全体弦乐器的音响相对抗，并能清楚地听到它的声音。此外，小号在爵士乐中的演出也很丰富。

欣赏：小号《帕格尼尼狂想曲第 24 号》。

（三）嗓音声学

人类歌唱的生理基础是人的"嗓音器官"。从乐器学的角度看，嗓音也可以视为一件乐器。这件乐器大致可分为四个部分：①振动体——声带；②激励体——提供气息的呼吸系统；③共鸣体——胸腔、咽腔、鼻腔、头腔等；④调控系统——神经和肌肉组织。

这是按乐器声学的四个构成部分对其进行的分类。

可以想象，作为人类与生俱来的、能够发出乐音的器官，在其他乐器出现之前，嗓音系统肯定是最早用来表达艺术声音的乐器。

在萨克斯·霍恩博斯特尔乐器分类法中，嗓音被归为气鸣乐器中的自由簧类。此种分类在观念上将声带比拟为一对自由振动的簧片。

从发音机制上看，嗓音乐器既有些类似管乐器，又有些类似弦乐器。同管乐器类似之处在于：依靠肺部发出空气激励声带发生振动，并在声带的上方形成共振的空气柱，由此发声。同弦乐器类似之处在于：声带具有弹性，像弦一样能够振动，其振动频率主要依赖于喉肌来调节音高，正如弦乐器通过改变拉弦张力来调音一样。

嗓音发声时各个器官的基本协调机制为：喉内肌和喉外肌同时收缩，声带被拉紧、拉长，两片声带靠拢，肺部的气息从两片声带间的缝隙中喷出，激发声带振动产生声音，发出的声音经过人体的各个共鸣腔的耦合加上肺活量对气息的控制，在音高、音量、音色和音长诸方面协调有致，并以一种艺术化表达的面貌出现。

从嗓音发声机理来看，嗓音及其发声器官的各个部分均有自身特殊的功能。

1. 呼吸系统

声带振动靠气息激励，人通过呼吸控制横隔膜的运动，自上而下地把气息送到声门，使声带振动并在咽腔里发声。这在我国古代的声乐艺术中称作"以气托声"。

歌唱中的气息是随着歌唱而变化的、动态的呼吸状态，气息排出量的大小，或由腹肌控制，或由喉节、声门的闭合决定。控制歌唱呼吸状态的难度一般高于语言艺术的要求。

呼吸器官，即"源"动力，是由口、鼻、咽喉、气管、支气管、肺脏以及胸腔、膈肌（又称横膈膜）、腹肌等组成。气息从鼻、口吸入，经过咽、喉、气管、支气管，分布到左右肺叶的肺气泡之中（肺中由两个叶状的海绵组织的风箱构成，它包含了许许多多装气的小气泡）；然后经过相反的方向，从肺的出口处分支的气管（支气管）将气息汇集到两个大气管，最后形成一个气管，再经过咽喉从口、鼻呼出。与呼吸系统相关的各肌肉群，它们的运动也关系到呼吸的能力，是歌唱"源"的动力和能量的保证。我们日常的呼吸比较平静，比较浅，用不着使用全部的肺活量，但歌唱时的呼吸运动就不同了，吸气动作很快，呼气动作很慢。如果遇上较长的乐句，气息就必须坚持住。而一首歌曲的高、低、强、弱、顿挫、抑扬变化，也全靠吸气、呼气肌肉群坚强和灵活的运动才能完成。

2. 发声系统

歌唱发声系统是一个多要素的配合系统，它包括声带、喉头和咽腔、舌头、舌根、下巴等。发声时，不仅声带在振动，下巴、喉头、上下腭、面颊、唇、舌、牙等都处于不断变化和运动之中。

（1）主要发声器官（如图1-5所示）。

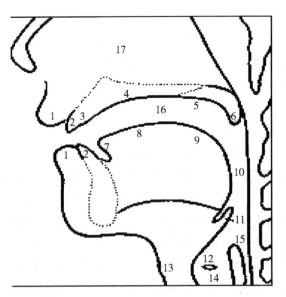

①上下唇；②上下齿；③齿龈；④硬颚；⑤软颚；⑥小舌；⑦舌尖；⑧舌面；⑨舌根；⑩咽头；⑪会厌软骨；⑫声带；⑬喉头；⑭气管；⑮食道；⑯口腔；⑰鼻腔

图1-5　发声器官示意图

（2）喉。

喉是发声器官的第二部分，它环绕着软骨和肌肉，喉咙的软骨位于气管的上面，有环状软骨、甲状软骨、杓状软骨、会厌软骨、小角软骨和楔状软骨，全部由韧带和肌肉连接着，它们移动着喉咙以配合声带，去调节要发出的声音。声带是两根有伸缩性的带子，在喉咙里边，由软骨和肌肉保持着张力，使它们能在由肺推动一股气流通过时，产生振动，发出声音。声带在休息时的位置，是放松并张开的，留有一个较大的空间以便让气流通过，这就是声门。

（3）声带。

从喉部纵切面图可以看到声带。声带是两条有弹性筋肉的带，也是气管内壁延伸的末端。声带前端固定在甲状软骨上，后端固定在杓状软骨的声带突上。两条声带之间隔以声门裂，声门裂前方是音声门，后方是气声门。当呼吸时，声门打开。当发声时，声门关闭，呼出的气流必须冲开声门而出，由于伯努利效应，声门复归关闭，当声门下气压足够大时，又冲开声门。如此反复开闭，就形成声带周期性的颤动，发出乐音性质的声音。

在喉咙的上部有个很重要的软骨叫做会厌。会厌很柔软，它长在舌根和喉咙口之间，功能十分重要，因为它起到了声门保护盖的作用。在吞咽时关住喉咙口，以便食物和饮料能经过，而不致使呼吸器官受到任何伤害。

对于发声系统，理论上一般认为声带有如簧振乐器的簧片。为了进一步了解簧振动原理，我们在理论上可以将簧看成是扁形棒。棒的基频计算公式为：$f_n = (2n-)\ c/4L$（$n=1, 2, 3\cdots$），其中 c＝棒的纵振动传播速度＝ELP（E＝物体弹性模量，p＝材料密度，L＝棒的长度）。从上式可以看出，棒的振动频率与棒长成反比，与棒振动速度成正比。而棒振动速度又与棒体的弹性和材料的密度有关，因此我们可以得出这样的结论：簧振动的频率，决定于簧舌的长度、弹性模量和材料的密度，簧舌越短，弹性越强，密度越低，振动频率就越高，反之则越低。改变上述三个因素中的一项，就能改变簧片发音的高低。

将上述原理运用于声带振动问题的探讨，我们可以推导出这样的结论：声带绷得越紧，张力越大，声带越短，则发音越高；反之，声带越松，张力越小，声带越长，发音就越低。女声比男声发音高，主要是因为女性的声带较短。

声带的运动与变化，除了拉紧或放松运动以外，还有张合运动，即两条声带间的距离可大可小，发高音、强音时距离较小，发低音、弱音时距离较大。另外，声带除了相向张合外，还可绕某点作旋转（角）运动。同时，声带的厚薄也在变化。如发高音时，声带的边缘处变薄。

关于声带的起振原因，目前有两种观点：一种认为是直接由神经系统控制，按人的大脑意向振动，即主动振动；还有一种认为气息由下而上通过声门时，由于流体力学中的伯努利原理，流体运动产生负压，把声带"吸"拢并发生振动，即被动振动。

发声系统的真假声机制，是声乐家比较关注的问题。在发很高音时，声带能力达不到，依靠假声带压迫声带，可以发出喉声（假声）。真假声在歌唱的音域上有一个大致的分布：由低音到高音是从真声、真假结合到纯假声的递进排列。一般认为，女声以 d1 为真假声的转换点为佳。当唱歌以真声为主时，歌声有力；当唱歌以假声为主时，歌声纤细。西洋男低音常用真声音区，男高音常用"真假结合"的音区；西洋女声在高音区用纯假音。我国京剧中老生和花脸唱低音时用真声，唱高音时是真假结合；小生在唱高音时用假声小嗓；花旦、青衣不论高低都用假声。越剧、沪剧、淮剧等只用真声。还有的剧种，如河南梆子、河北梆子，女声低音用真声，中音用真假结合，高音用纯假声，但有时高音唱响时也用真声，低音弱音用纯假声。

3. 共鸣系统

嗓音的共鸣体分布在人体各个部位。头腔共鸣区即声乐界所熟知的"面罩"，是指眉眼以下、牙床以上、两腭之内形成一个"面部盒子"。不论是高音、中音还是低音，其头腔共鸣主要产生于这个"盒子"。此外，喉腔、咽腔、鼻腔、口腔、胸腔都是直接起共鸣作用的腔体。

通常我们把软腭以上的部分叫做"上共鸣机构"，软腭以下的口腔、咽腔、喉腔、胸腔等部位叫做"下共鸣机构"。"上共鸣机构"对泛音产生共鸣，"下共鸣机构"则主要对基频产生共鸣。

共鸣系统共鸣的产生，来自于声带振动的某些频率成分与各个共鸣腔体固有频率的某些成分的相应与共振，它是对声带发声能量的扩散。

此外，共鸣系统对声音的影响还表现在：声带振动类似簧片振动，簧片最初产生的声音很小，且含有较多的高频噪音，其原因在于簧管振动所产生的许多泛音与基音之间的关系是不谐和的。簧管乐器之所以能发出准确的音高，主要得益于共鸣体的耦合作用。这就像双簧管演奏者的体验一样，当单独吹双簧管的哨子时，发声刺耳、尖涩，然而把哨子插入双簧管再演奏时，声音马上就变得悦耳了。歌唱共鸣系统对声带振动声的影响也是如此。

总之，歌唱共鸣系统的耦合作用不仅能增大音量，还能影响声带声的音高和改变声带声的音色。

如果把声乐艺术比作"人体乐器"艺术，从歌唱的声学功能系统和生理机制来看，歌唱的机制实际上是全身运动的机制。歌唱中除了上述呼吸系统、发声系统、共鸣系统的变化和运动外，参与歌唱过程的还有其他方面的人体机制，如人脑在歌唱中起到总体协调和指挥作用；肢体的动作常常与歌唱作协调运动；听觉系统的作用贯穿歌唱的全过程，人们要通过耳朵接受和依据歌声的反馈信号来控制和调整自己的声音等。

由此看出嗓音——"人体乐器"的构造远比一般乐器复杂。值得注意的是，经验告诉我们，"人体乐器"的发声器官往往不受大脑的直接控制，它们受制于一种经过严格训练所获得的"歌唱状态"。

由此可见，歌唱技术的复杂程度远远高于一般乐器。歌唱嗓音的研究是一个有待开发和前景广阔的课题。

4. "骨传导"原理与"真实歌声"的自我认知

在日常声乐学习和演出实践中，歌者需要通过耳朵聆听自己的歌声，并不时地对音色、音高、音量和声音的长短进行调整和控制，使之达到最佳艺术效果。但是，由于人耳的生理特性的制约，歌者并不能听到自己的真实歌声，还常常会遇到一些奇怪的现象：比如当你歌唱的自我感觉特别好时，你的声乐导师却不以为然，观众也不认可，这种现象往往使你苦恼。倘若你不能正确对待，冷静分析，积极解决，还会导致你声音观念的迷失，甚至造成不应该的失误。

其实，导师或观众的评价与你的感觉本身就不可能完全一致。为什么会这样呢？原因在于你自己的耳朵。人耳是接收声音的器官，但它也是一个极其复杂而特殊的器官。人耳接收自己的歌声有几种渠道：一是空气中传来的声音由外耳到中耳（经过听小骨的放大）再传到内耳，我们称之为"外部传导"；二是振波直接作用于颅骨和耳蜗骨壁而传至内耳，形成所谓"骨传导"；三是鼓膜振动造成鼓室内的空气振动，然后直接波及卵圆窗而传至内耳。其中，前两种是影响听觉效果的主要渠道，第三种传导方式对听觉影响极小。由于耳朵的这一特性，它使我们听自己的歌声时永远是"外部传导"和"骨传导"混杂在一起的声音。正因如此，我们往往听不到自己真实的歌声。

把握自己的"真实声音"是声乐学习中的一个关键问题，它直接影响到正确声音观念的建立。由于人耳的听觉特性造成的"声音假象"时刻困扰着我们，而良好的声音往往要借助良好而稳固的歌唱状态支撑。因此，要解决上述问题，我们首先要找到自己真实的声音。比较科学的办法是：用录音机录下自己每次练习的声音（这才是你的真实声音），尤其是要录下指导教师和专业人士肯定了的声音。然后通过反复播放聆听、重复练习找到与良好声音对应的歌唱感觉。反复循环这样的练习，使良好声音与对应的歌唱感觉形成稳定状态，这样你就可能掌握塑造声音的主动权。

5. 声带闭合张力与气源气压的协调实验

理论上讲，声带压强越大，音量越大。但声带压力过大就会使声带自身弹性受到抑制，或使其不能充分振动，声音不仅得不到加强，而且会使声音减小或者失真。如男声高声区容易出现的破音就是声音失真的表现。

因此，正确的歌唱必须毫不费力地使声带的声音与共鸣腔体固有频率发生自然耦合。这也是许多声乐专家所倡导的观念——"用最省力的方式唱出最优美的声音"。

以下我们围绕声带闭合张力与气源气压的协调问题，借助录音机和频谱分析设备，做一个歌唱起音的训练（俗称声带挡气的练习）实验。

（1）起音练习的要求。

①起音练习的每个音必须是单音（字本身为平声，无字调的变化）。

②起音的演唱应该用大约小于或等于中等的力度演唱，并保持实验阶段都是以同样的力度演唱（感觉上去把握）。

③每个起音用同一音高，同一个声母（a、e、i、o、u中任意一个）。

④每个起音尽量唱得长一些且保持歌唱状态和声音听感上的稳定性，每个起音要求一样长（感觉上来把握）。

⑤每个起音的开口大小、咽喉管的粗细尽量做到一致。

（2）实验程序。

第一，编制发声练习的声音文件。

①按上述要求用录音机录下多次演唱的（30～50次以上）起音练习，发声练习的声音文件不要在一天或短短几天内完成录制，最好选择在自己声乐有明显进步的阶段，在一个相对较长的周期内，每天进行录音。录音一定要在声乐导师的指导训练过程中进行，特别要注意录下得到老师认可的、质量较高的练习。

②对录制的声音文件命名编号（编号最好能显示文件录制日期或具体时间）。

③最好同时以笔记的形式按声音文件编号写出每个起音练习演唱时的感觉和感受。

第二，整理分析与精选声音文件。

从上述（30～50个）声音文件中选出声乐导师认可的多个质量较高的声音文件作为"标准文件"，选出声乐导师认为多个质量较差的声音文件作为非标准文件。再从标准文件中选出一个声音质量最好的优质标准文件，从非标准文件中选择一个声音质量最差的劣质非标准文件，形成一个好的和一个坏的典型文件。

第三，检测典型文件。

对典型文件（包括标准和非标准的两个文件）进行测音（设备通用音乐分析系统或B&K3560C多分析仪）和频谱分析。

测音和频谱分析有关要求如下：

①测音采样时间为5～10秒。

②对每个起音至少采样出三个声音文件，即音头、音腹、音尾各一个（每个0.5～1秒）。

③将标准文件与非标准文件的频谱进行同类比较。标准文件的音头比非标准文件的音头、标准文件的音腹比非标准文件的音腹、标准文件的音尾比非标准文件的音尾等。在比较中加深认识标准与非标准声音文件的区别。

标准文件：基音可能与非标准相同。但是泛音的分布、泛音的强弱不同，相对来说，高频噪声少，频谱干净，没有或少有噪声痕迹。

非标准文件：基音可能与标准文件相同，但泛音的分布、泛音的强弱不同，相对来说，高频噪声多，频谱粗糙，噪声痕迹明显。

通过借助上述科学测量手段，可以观察到两种声音文件的差异，进而自觉寻找发出标准声音的稳定歌唱状态。

第四，回忆和寻找唱出标准声音的感觉，通过大量的练习，形成稳定的发声状态，最终做到开口一唱，声音标准、省力且有效果。

第五，拓展起音单音训练的成果，在单音训练的基础上可以做如下拓展练习：

①在保持标准起音的单音练习状态的前提下，做改变字调的多音练习，在变化中求得状态稳定。

②在保持标准起音的单音练习状态的前提下，做改变音调的练声曲练习，在变化中求得状态稳定。

③在保持标准起音的单音练习状态的前提下，做演唱歌曲乐句的练习。

④在不同音域分别做单音或多音练习。

（四）打击乐器声学

"打击乐器"（percussion instrument）是指借助槌、敲击、抓奏、刮奏、摇奏、弹拨等方式发出乐声的乐器。打击乐器也叫"敲击乐器"，是指敲打乐器本体而发出声音的乐器。

打击乐器可以说是所有乐器中最为复杂多样的一个乐器家族，它们不仅在形式上形态各异，在声学结构上有多种类型，而且在演奏方式上也千姿百态。

1. 打击乐的分类

打击乐可以按照有无调性和振动原理进行分类：

（1）有无调性。

①有调性打击乐器。此类乐器的发音有音阶变化，可独立地表演乐曲，例如，木琴、钟琴、管钟、定音鼓、编钟等。

②无调性打击乐器。此类乐器的发音缺少音阶变化，主要用于表现节奏和气氛，经过编排也可以表现一定的内容和情绪，或者产生特殊效果，例如，大鼓、小鼓、锣、木鱼、堂鼓等。

（2）振动原理。

①棒振动打击乐器。又称为"棒体打击乐器"，泛指所有类似棒状的弹性物体，包括矩形棒（如木琴的音板）、直行棒（如响棒）、圆形棒（如双响筒）和曲形棒（如三角铁）。

②板振动打击乐器。又称为"板体打击乐器"，在乐器声学理论中把用弹性材料制成的等边形的片状体称为板。所有的锣、钹等都属于板振动乐器。

③膜振动打击乐器。又称为"膜体打击乐器"，膜的振动与前面介绍过的空气柱的振动和弦振动相比，既有相同之处，也有不同之处。相同之处在于，膜振动也是复合振动，即在整体振动的同时，还存在分区振动。由整体振动产生的音称为基因，分区振动产生的音称为泛音或分音。不同之处在于，膜振动产生的泛音频率与基因不能构成整数比关系，因而未加调整的膜振动不能发出清晰音高的声音。一般的鼓类乐器都属于膜振动打击乐器。

④类板体打击乐器。有些乐器，譬如钟，虽然从形状上看根本不是"板"，但从声学原理讲，可以用板振动理论来加以推算，因而可以称它们为类板体乐器。西洋的圆钟、手钟，中国古代的镈钟、合瓦形的甬钟和钮钟，都属于类板体乐器。

2. 不同打击乐器的介绍及主要代表

（1）棒振动打击乐器。

棒的横向振动频率变化，如果是矩形体，则决定于不同的厚度、长度、宽度和材料的密度；如果是圆柱体，则决定于不同的长度、截面半径和材料的密度。

只要改变上述各因素之一，就能改变振动频率。对于矩形体来说，越长、越宽、越厚的材料，其劲度、密度越低，则频率就越低，反之亦然。

作为乐器、棒体发声的音量变化，取决于激发力的大小，但二者并非成严格的比例关系。有时，施力过大会使棒体产生扭转。

棒振动打击乐器——木琴

木琴（或称"巴拉风"）是一种击奏体鸣乐器，主要流行于东南亚、非洲和中南美洲民间，并广泛见于撒哈拉大沙漠以南地区。

①结构制造。

木琴的基本结构是以若干不同长度的音条按钢琴的黑白琴键那样排列成两行。优良的木琴常用热带的红木和花梨木等硬质材料制成。

它的结构由音条、琴架、共鸣筒和打槌四大部分组成。

②演奏方法。

演奏者双手执一对球形头的琴槌敲击，可发出音阶半音。槌头的软硬会影响音色。管弦乐队中使用的木琴通常有一组固定在木条下面的金属管，可起共鸣的作用。木琴的音域从中央 C 向上有 3~4 个八度，实际音高比记谱高 1 个八度。很适合演奏各种形式的音阶、琶音、滑音、颤音、滚奏音、双音、跳进甚至远距离跳进的技巧性乐句。木琴能用很快的速度演奏，可自如地控制强弱变化。木琴在乐队中常被运用于轻松、活泼、欢快、诙谐、幽默、怪诞的音乐段落中。

还有一种木琴是横排式，音条分 4 行排列成梯形，槌形似一把长柄勺。最早用 5 条草束垫在音条下放在桌子上演奏，故成草垫木琴，在俄罗斯和东欧流行。

③起源追溯。

木琴最早起源于 14 世纪的非洲和爪哇的乐队中，16 世纪开始在欧洲被使用，但仅用于特殊效果的演奏。直到 19 世纪中叶，它主要还是作为一件新奇的乐器由表演者用于音乐会上，很少在其他地方使用。不过，各种精心的改进使其在调音和音质方面更好。

④应用作品。

19 世纪后半叶，木琴进入大多数交响乐队的打击乐组，第一次是由法国作曲家 C. 圣-桑斯在他的《死之舞》中使用，用来表现骨架的摇动声。大多数 20 世纪的作曲家都使用过木琴，如 G. 马勒的《第六交响曲》、R. 斯特劳斯的《莎乐美》和 D. 肖斯塔科维奇的《第五交响曲》《第二爵士组曲》等作品。

（2）膜振动打击乐器。

膜振动与前面介绍过的空气柱和弦振动相比，既有相同之处，也有不同之处。相同之处在于，膜振动也是复合振动，即在整体振动的同时，还存在分区振动。由整体振动产生的音称为基音，由分区振动产生的音称为泛音或分音。不同之处在于，膜振动产生的泛音频率与基音不能构成整数比关系，因而未加调整的膜振动不能发出清晰音高的声音。

膜的分区振动是呈现一定规律的，以圆形膜为例，分区振动皆是以径向节线和轴向节线的分隔而产生的：

每个圆上方的两位数字代表该振动模式产生节线的数量。例如，"01"表示没有径向节线，只有 1 个轴向节线（在最外侧）；"11"表示有 1 个径向节线和 1 个轴向节线，此时膜被分隔成 2 个分区，可称为"径向 2 分区"；"21"表示有 2 个径向节线和 1 个轴向节线，只有 2 个轴向节线，没有径向节线，因此可称为"轴向 2 分区"，以此类推

（如图 1-6 所示）。

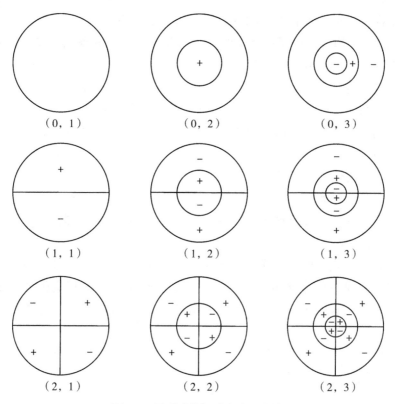

图 1-6　圆形膜的振动方式和节线

每个圆形下方的数字代表该振动与整体振动频率比值，这个比值一般情况下是不变的，被称为圆膜振动的相对频率（见表 1-1）。

表 1-1　圆膜振动时的相对频率

$f_{01} = f_{01}$	$f_{11} = 1.592 f_{11}$	$f_{21} = 2.135 f_{21}$
$f_{02} = 2.295 f_{02}$	$f_{12} = 2.917 f_{12}$	$f_{22} = 3.500 f_{22}$
$f_{03} = 3.598 f_{03}$	$f_{13} = 4.230 f_{13}$	$f_{23} = 4.832 f_{23}$

圆形膜的频率公式是：

$$f_{mn} = \frac{1}{2\alpha} \sqrt{\frac{T}{\rho}} \beta_{mn}$$

公式中，m＝径向节线数量，n＝轴向节线数量，α＝膜半径，T＝张力，ρ＝膜密度，β＝贝塞尔函数。

由上面公式可以看出：膜的振动频率与张力成正比，与半径和密度成反比。

因此，对于鼓来说，鼓面直径越大，张力越小，声音越低。所谓"理想膜"是指厚度和弹性完全一致的膜。实际上，所有用于制造乐器的皮膜都不可能是"理想膜"，因此对于鼓类乐器制造来说，上面公式仅具有一定参照价值。

从以上可以看出，膜振动产生的泛音与基音皆不构成整数倍关系，因此从理论上讲，膜振动不可能发出音高明确的乐音。那为什么管弦乐队中的定音鼓可以有明确的高度呢？首先，定音鼓的膜是经过特殊处理的，其厚度、弹性和张力已偏离"理想膜"的范畴，从而能够抑制一些不协和泛音的能量；其次，定音鼓的锅形共鸣腔对鼓膜的振动频率起到了"耦合"作用，能够将一些不协和的泛音加以调整，使之与基音构成协和或近似协和的关系。

膜振动打击乐器——定音鼓

定音鼓是起源极早的乐器，早在15世纪时，定音鼓（形状与现代的定音鼓相近，但调子固定不变）已成为欧洲所周知的乐器。定音鼓在可拧紧螺丝的机械装置出现之后，才有了改调的可能性。

一套定音鼓是由两三个或更多各种尺寸的金属锅组成，锅上蒙以很好的皮革，用特制的螺丝调整它的紧张度。其中，鼓槌是激励系统，鼓膜是膜振系统，调节螺丝和变音踏板是调控系统，鼓腔属于共鸣系统。鼓皮的各种不同的紧张度促成了乐器的改调。

锅底中央有一个小孔，作为藏在锅内空气的出口，以不妨碍鼓皮的自由振动。定音鼓用两根顶端带有柔软圆球的短鼓槌敲击。

定音鼓多半是大、中、小三个一组。

大定音鼓的音域大致在：E　　　F——♭B　c

中定音鼓的音域大致在：♭A　　　A—— d　♭E

小定音鼓的音域大致在：F　　　c —— f　♯f

松弛　　正常　　绷紧

定音鼓是移调乐器，它的实际音比记谱低八度。定音鼓上改调的音程越大，所需的时间越多，这时需注意到，快速的三度音程转换不能产生稳定的音调，并且还会损坏鼓皮。定音鼓改调时应标注：C In D（C 改为 D）。

在总谱中，定音鼓记在铜管乐器组的下面。

（3）板振动打击乐器。

"板"在字典中的释义："板"是一个形声字。从木，反声。《说文解字》作"版"。在乐器声学理论中，把用弹性材料制成的，等边形或圆形的片状体，称为板。

板在受到外力后，会产生变形并偏离平衡位置，而板的弹性恢复力作用又使之返回并越过平衡位置，随之作惯性振动，如果没有外界干涉，板体材料本身存在的阻力会使板振动逐渐减弱直至消失。

板振动时，除全片振动外，亦存在分片振动。在分析振动模式时，人们常常将板视为增厚的"膜"。因此板的频率计算公式基本套用膜的公式。同时也可以用径向和轴向节线理论来解释板的分区振动问题。但由于板属于"厚膜"，所以比膜振动还要复杂一些，尤其是当板的厚薄、密度、劲度不均匀时，其波形呈复杂图形。

均匀板的频率变化，与板的厚度、半径和材料密度有关。板越薄、半径越大、密度越小，则频率越低，反之亦然。

对于边缘被钳定的圆形板，其频率计算公式为：

$$f=\frac{0.2tv}{D^2}$$

对于边缘为自由端的圆形板，其频率计算公式为：

$$f=\frac{1.65tv}{D^2}$$

上述公式中，$D=$圆板直径，$t=$厚度，$v=$声速。

我们不应忽略在上面公式中"声速"的作用。虽然一般情况下，我们都以空气中的声速作为计算标准，但如果板体打击乐器在其他介质中演奏时，由于声速会发生变化，打击乐器的振动频率（音高）也会随之变化。作曲家谭盾在作品《永恒的水》（协奏曲）中，让打击乐手在敲击锣的过程中将锣放置水中，结果铜锣的音高和音色都发生了变化。

同膜振动情况一样，上述公式都是基于材料性质和厚度完全一致的"理想板"，而制造乐器所用的板却是形状各异、厚薄不均，材料也多种多样。所以，对于乐器制造领域而言，上述公式仅具参考价值，无法严格照搬。一般而言，直径较大的圆形板体打击乐器，譬如大锣，因为振动模式太复杂，都不能产生明确的音高。

板体打击乐器的音量变化，取决于对板施加的外力大小，在弹性模量限度的范围内，施加的力越大，振幅就越大。与其他振动形式相比，板振动可以承受的外力要大许多，而且由于振动体直接暴露在大气中，声波辐射无阻拦，故而板体打击乐器的音量总的来讲都比较大，作曲家在配器时一般都谨慎使用。

板的另一种振动方式是以被迫振动的身份出现，起共振作用。例如，提琴、琵琶、钢琴等乐器共鸣器的壁板，就是这样的性质。这时板的振动，一方面受弦振动的制约，另一方面又会激发出板材本身的固有频率，反过来对弦振频率起到耦合作用，从而对乐器的音高、音色和音量产生非常重要的影响。以提琴为例，既有面板、背板、侧板各自的固有频率，又有整体琴身以及琴箱内腔的固有频率，使它在弦振动一系列频率中呈现相应的共振峰和谷。

任何一个制琴者都知道，板材本身的质量对乐器的音质可谓至关重要。用处理过的优良板材制作出的琴，板材与各条弦产生的共振峰和谷在频率分布上是比较均匀的，因此听起来高低音区声音比较平衡。用劣质板材制作出的琴，则会出现高低音区不平衡的情况，甚至出现难听的"狼音"。

（4）类板体打击乐器。

有些乐器，譬如钟，虽然从形状上看根本不是"板"，但从声学原理上讲，可以用板振动理论来加以推算，因而可以称它们为"类板体乐器"。

圆形钟的振动模式可视为圆形的板，因此也可用径向和轴向节线理论来分析。荷兰人在 16 世纪对圆钟的调音进行了深入研究，他们发现钟的声音中包含了许多声音成分，并将这些声音成分给予命名：最低的音称为"嗡音"（hum tone），有 2 个径向节线，人耳虽然能感觉其存在，但无法明判其音高；在嗡音上方的称为"基音"（prime tone），决定钟的基本音高，有 2 个径向节线，1 个轴向节线，由于在击钟的一刹那人耳就会感觉到这个音，因此又称其为"敲击音"（strike tone）。除了这两个音，荷兰钟匠通过对钟形的调整，以及对钟壁作不同厚度处理的方法，还能使圆钟产生与基音构成协和关系的小三度、纯五度和大三度等其他泛音，从而使圆钟发出非常纯正的复合乐音的效果。有关学者的研究证实，圆形钟的振动频率，与金属材料的硬度、体积、密度、弹性模量等有关，与钟壁厚度成正比，与圆形壳体半径及长度成反比。

综合考古发掘的大量遗物来看，中国钟类乐器发展的脉络，应当先有陶土制造的铃或钟，后有青铜制造的铃或钟；先有单个的钟，后有编列成组并按一定乐律体系发音的编钟。迄今考古所发现的较早铜钟，多为殷墟时期所铸造，通常为三件组编钟，形制如两块瓦相合，俗称"合瓦形"。它们是中国编钟的前身，已经具有演奏音乐的性能。到了西周时期，铸钟技术达到非常高的水平。合瓦形编钟最奇特之处，是在一个钟上可以敲击出两个乐音：在正鼓部位置可以产生一个"正鼓音"，在侧鼓部位置可以产生另外一个音。对西周时期的编钟而言，大多数情况下二者相差一个小三度或大三度（正鼓音低，侧鼓音高），这种情况俗称为"一钟双音"。这种独特的发声方式自汉代以后逐渐失传，直到 1978 年曾侯乙编钟出土以后，人们才重新认知这一由我国古代钟匠创造的声学神奇。

（5）其他打击乐器——钢片琴。

钢片琴是小型的竖钢琴，里面用由羊皮绷住的小金属板（有时甚至用小玻璃板）作为发音体代替琴弦。钢片琴的传导装置十分简陋，因而不是在按键的一瞬间即发出声音，而是发音稍迟钝。钢片琴的演奏技巧很像钢琴，所不同的是它不可能奏出力度的变化或使用较快的反复奏法。由于它传导装置的简陋与乐器发音本身的特性，不可能奏得像钢琴那样流畅。

钢片琴是交响乐队中最安静与最纤细的乐器，它的声音像轻柔的铃声，远比钟琴更为柔和与朦胧。

3. 打击乐演奏者分工

①预定用两人时。第一演奏者：三角铁、小鼓、铃鼓、钟琴、木琴（亦可将钹划给其演奏）。第二演奏者：钹、大鼓、锣（亦可将三角铁与铃鼓划给其演奏）。

②预定用三人时。第一演奏者：三角铁、响板、铃鼓、木琴、钟琴（亦可将钹划给其演奏）。第二演奏者：小鼓、钟（亦可将三角铁和铃鼓划给其演奏）。第三演奏者：钹、大鼓、锣（亦可将三角铁划给其演奏）。

③预定用四人时。第一演奏者：钟琴、木琴（亦可将三角铁与铃鼓划给其演奏）。第二演奏者：三角铁、响板、铃鼓（亦可将钹划给其演奏）。第三演奏者：小鼓、排钟（亦可将三角铁及铃鼓划给其演奏）。第四演奏者：钹、大鼓、锣（亦可将三角铁划给其演奏）。

注意：由于钟的位置常常距离其他打击乐器较远，所以应将它独立地分谱并放在谱架上。

第五节　空间音乐声学

人们常说，音乐是时间的艺术。其实，音乐也是空间的艺术。因为人们在不同的空间会有不同的音乐感受。为什么高亢嘹亮的山歌总是发于广袤的山林，而轻柔婉转的小调常常出自勾栏瓦肆？我们的音乐史学家习惯将这种现象与社会文化联系在一起。其实在这种现象的背后，还有一种声学上的客观规律存在，这就是"音"在不同空间所展示出的不同色彩。

我们已经习惯在特定的环境中聆听特定的音乐，如：优雅的江南丝竹适合在小型的合奏厅来欣赏，而激越的军乐队总是在开阔的空间进行演奏。如果将二者的演奏空间交换，其音响效果必然大相径庭：在合奏厅演奏军乐必会震耳欲聋，而在广阔的空间欣赏江南丝竹则可能会"只见其影不闻其声"。这些例子说明，任何乐器的演奏效果都与空间环境紧密联系在一起，不了解空间环境的声学特点，就无法全面把握乐器（包括人声）的音响性能。因此在了解乐器声学知识之前，我们还要知道一些空间声学知识。

人们常常把有关环境声学的知识称为"室内声学""厅堂声学"或者"建筑声学"，但这都不能涵盖其所要研究的全部内容，所以现在将与其相关的研究称为"空间音乐声学"。

一、空间音乐声学研究主要关注的问题

1. 室内声的基本组成及其建立问题，主要包括直达声、各种形式反射声和混响声的特性，以及声的衰减、室内声场分部问题等。

2. 影响室内声场的因素分析，包括房间的大小、形状，声源位置和强度，吸声，室外、室内噪声和隔声等。

3. 不同声场环境与最佳音乐音响效果的关系，主要研究各种音乐表演形式（如管弦乐、军乐、室内乐、独奏、协奏、独唱、合唱等）和不同音乐风格对声场条件的要求。

4. 室内声场的方法和手段研究，包括分析法、统计（能量）法、几何（声线）法、计算机模拟法等。

5. 不同室内声场的特点和设计上的要求，如音乐厅、歌剧院、录音棚、小型家庭听音环境等。

6. 与声场环境有关的建筑、装饰材料的吸声特性，以及与其相关的施工技术的研究。

7. 对应于声场物理量的主观听感心理量研究，如响度、音色、空间感、清晰度、可懂度的测量等。

8. 人工模拟空间声场环境的方法和技术，如各种典型声场效果的测量分析与数字模拟、杜比环绕的概念与系统设计等。

现代音乐空间环境的设计原则是以追求最佳音乐音响效果为中心。虽然不同用途的音乐厅堂有不同的室内声场指标，但有一些要求是共同的：①各处的响度要比较均匀、清晰。既不能存在"焦点"，也不能有"盲点"。②能够弥补自然声场的缺陷和不足。即在厅堂先天音响条件不佳的情况下能够改变音响效果，控制声场分部，以达到声场均匀、改善听感的目的。③能够营造出特定的声场，并可以随意调控。通常情况下是通过电子控制的方法来实现这种目的。

音乐声学工作者在评价音乐厅的音响效果时需要使用规范的术语。布兰尼克（Beranek）于 1962 年提出的音乐厅声音效果评价术语有：①亲近感；②生动感；③温暖感；④直达声强度；⑤混响声强度；⑥清晰度；⑦均匀度；⑧平衡感；⑨利于合奏；⑩低噪音。

二、空间声学基本概念

1. 直达声，指从声源发出的直接到达接收者的声音。对听音乐来说，直达声是非常重要的一种声波，对声源的定位起着至关重要的作用。譬如，在音乐厅聆听交响乐的时候，如果你所在的位置直达声能量不充分的话，就无法正确判断正在演奏的乐器声是从哪里发出的。

2. 反射声，指声波遇到刚性界面反射而产生的声音。反射声对人们的环境感觉极为重要。如果只有直达声没有反射声，人们会感觉身处一个开阔的平原；如果反射声强烈，则会感觉处于一个狭小的空间内。

3. 散射声，指声波遇到不规则形状反射物后扩散产生的声音。

4. 混响声，指从各个方向来的，以相同的概率到达每个点的多次反射声。

5. 混响时间，指当声源停止发声后声场中的声强衰减 60 分贝所需要的时间，记作 T60。

第二章

律学基础知识介绍

第一节　律学的基本概念

人类在生活中能通过各种途径感受音律，他们利用数理关系来解释自然泛音的客观存在并进行实践应用。战国末期的《吕氏春秋》中"音律篇"即记录的是音律学。唐代南卓《羯鼓录》称孙允其人通晓"音律之学"。李曙明教授认为："音律是乐音音高体系以及乐音音高运动的审美数理范畴。"要学习律学的相关知识，我们首先要知道关于律学的一些基本概念，以下整理了一些律学的基本知识：

1. 律即音，是构成律制的基本单位，一音为一律。

2. 律制（Tuning system）即各律在相互关系上做精密的规定而形成的某种体系。

3. 律学（Temperament）又称音律学，是依据声学"原理"，运用数学方法系统全面地来研究律制内各音间相互关系的一门学科。

4. 生律法即律制各音产生的计算方法。

5. 律制与音阶，律制与音阶有不可分离的关系。律制一般用来研究音阶的各级音所属的律制或精密的高度。

6. 乐音指发音物体有规律地振动而产生的具有固定音高的音（各种管乐器、弦乐器、吹奏乐器所发出的有音高的声音）。

7. 噪音指无规则振动且没有一定高度的声音，如街道嘈杂声、风雨声、摩擦声等。

8. 无高度音指"非整数倍"振动产生的音，高度不确定但有音色（木鱼、梆子、锣等打击乐器和定音鼓除外）。

9. 频率指物体每秒钟振动的次数，单位为赫兹（Hz）。

10. 音乐所用音的频率为 16Hz（C2）—7000Hz（a5）

次声波	人耳所能感受的音的高度范围	超声波
低于 16Hz 的音	16Hz—20000Hz	超过 20000Hz 的音

11. 复合音指基音与同时由分段振动而产生的谐音的纵向结合。复合音＝基音+所有分音。

12. 基音（第一个音）一般最强，盖过所有的倍音，但也存在基音弱于倍音的情况。

13. 谐音指分段振动产生的所有音，又称"谐波"。

14. 谐音列基频（基音的频率）加上基频整数倍的频率音列，又称为倍音列，是17 世纪法国音乐家、数学家梅桑纳从弦振动现象中发现的。

每个音的谐音列均按照八度、纯五度、纯四度、大三度、小三度、小三度、大二度、大二度、大二度……来排列（如图 2-1 所示）。

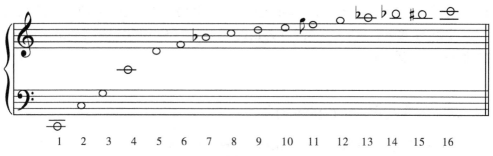

图 2-1 弦横振动的谐音系列

（注：五线谱中的第 7、11、14 音明显偏低，第 13 音明显偏高）

15. 泛音列指的是其音调比基音高的各种复合音，包括基频的整数倍的频率音，还含有基频的非整数倍的频率音。

16. 节点指弦振动截断或截止的地方。

17. 腹点指弦振动的中心。

18. 管口校正（endcorrection），气柱振动时有一部分会延伸至管口外，可见它的长度大于管长，因此按照一定的高度来计算管子的长度时必须做管口校正。

19. 管口校正公式

俄罗斯音乐理论家兼音乐家加尔布佐（Nikolay Alexanarovich Garbuzov）所著的《音乐声学》中引用比利时音乐家兼器乐研究家马荣（Victor Mahilion）提出的管口校正的简单公式（当管子长度为直径（内径）8 倍以上的细长管子）：

开管时：气柱长度=管子+直径

闭管时：气柱长度=管子+半径

20. 国际标准高度音在不同时代和不同地区有所不同：

（1）1834 年 德国 $a^1 = 440$。

（2）1859 年 法国 $a^1 = 435$（第二国际高度）。

（3）1934 年 英国 $a^1 = 440$（第一国际高度）。

（4）$a^1 = 432$（物理高度）。

第二节 乐器的发音类别

一、弦振发音（chordophone）

弦振发音乐器包括拉弦、拨弦、击弦乐器，如琵琶、钢琴、古筝、二胡、柳琴、马头琴等。

弦振发音的特点：（1）振动体长度与频率成反比。（2）全弦振动的同时也作分段振动，一个音实际是混合着许多音的复合音。全弦的 1/2 处是全弦的高八度音，1/3 处为高八度的五度音，1/5 处为高 2 个八度的三度音。（3）利用技法可使某基音内某倍音转化为基音（泛音）。

二、气振发音（aerophone）

气振发音乐器包括锐边、簧唇振动、气柱振动乐器，如长笛、竹笛、单簧管等。

气振发音的特点：气柱振动发音，具有弦振动一样的特性。但因管子构造不同，气振状态不同，可分为开管和闭管。开管即两端均为开口，例如：竹笛、双簧管、大管、小号。闭管即一端开口、一端闭口，例如：排箫、木琴、中国的律管。

三、膜振发音（membranophone）

膜振发音是在全面振动的同时做各种分片运动产生非整数倍的倍音，与基音形成不协和音，无法突出基音和加强基音的显性，所以一般这种乐器我们都感觉不到具体音高，或者音高较为模糊（定音鼓除外）。

四、体振发音（idiophone）

体振发音原理同膜振动类似，有平板振动、隆起板振动、弯曲板振动、棒振动等，根据其材料和形状振动状态各有不同，没有明确音高但有明显音色，如锣、钟、三角铁、梆子等。

五、电振发音（electrophone）

电振发音乐器指电子琴、电子音响合成器。自振发音以电子振荡器产生电振荡为声源，经过各种技术处理使其音高发生变化，最后通过扬声器发声，将几个电子振荡器产生的声音做不同方式组合，加工可以模仿各种乐器的音色，以创造出新奇的音色。

第三节　音律计算法

音律计算，简单来说，就是用数学的计算对各音及其相互之间的关系进行探索和研究的方式方法。计算是其基础，也正是因为计算方法的多样性，造就了我们今天能学习到的各种律制，全世界不同民族和地区因此也存在着各种不同的律制，从而形成当今社会风格各异的、极具地方特色的音乐形态。

音律计算法大致来说有以下几种：

一、长度比计算法

长度比指的是发出两音的振动体的长度的比值。

以弦乐器为例，其振动体的长度是琴弦所发之音的位置和一端之间所形成的距离，将两音的弦长相比较，得到的比值，我们称为长度比。拿任何一件弦乐器上的一根弦做实验，分别在全弦和其 1/2 处按弦发音，两音为八度关系，比值为 2∶1，1/2 处发音为全弦发音的高八度音。究其原因，弦长越长，其振动的速度越慢；弦长越短，其振动的速度越快。这就跟人跑步一样，距离越长，往返所需的时间也就越长，效率自然就低；距离越短，往返所需的时间也就越短，效率自然就高。条件相同的情况下，距离和效率是成反比的，所以在律学计算法则中，长度比和频率比也是成反比的。

二、频率比的计算方法

频率比指的是将各音频率值进行比值计算的方法。

前面我们谈到了长度比，也知道了频率和长度是成反比的。我们现代有测音仪器可以对所有音的频率进行测定，通常音乐中所用的音的频率在 16Hz（C2）~ 7000Hz（a5）之间，但人耳的听觉范围远远在这个之上，主要集中在高频部分，而有些动物则可以听到人耳听不到的低频声音，这也是有些动物能预知灾难发生的原因之一。

例：小字一组 c^1 = 261.63Hz

　　　小字组 c = 130.815Hz

两音频率比：

$$\frac{261.63\text{Hz}}{130.815\text{Hz}} = \frac{2}{1}$$

这就是说，构成八度音程的 c^1 和 c 的频率比为 2∶1。相应的，由于长度比与频率比成反比，高低八度之间的长度比为 1∶2（见表 2-1、表 2-2）。

表 2-1　以 c 为例，五个八度的同音频率比值情况表

音　名	频　率	比　值
c^3	1046.52Hz	16
c^2	523.26Hz	8
c^1	261.63Hz	4
c	130.815Hz	2
C	65.4075Hz	1

表 2-2 小字一组八度内的各音频率值

音 名	频 率
b^1	496.69Hz
a^1	441.50Hz
g^1	392.45Hz
f^1	348.84Hz
e^1	331.13Hz
d^1	294.33Hz
c^1	261.63Hz

除了同音的八度之外，频率比还可以明确表示所有音相互之间的关系，下面列举关于频率比计算的几点规律：

（1）欲求两音程之和的频率比，是把两音程的频率比相乘。

例：纯律大三度的频率比是 5：4，纯律四度的频率比是 4：3，求纯律大六度的频率比。

$$\frac{5}{4} \times \frac{4}{3} = \frac{20}{12} = \frac{5}{3}$$

所以，纯律大六度的频率比为 5：3。

（2）欲求两音程之差的频率比，是把两音程的频率比相除（大除小）。

例：纯律五度的频率比是 3：2，纯律大三度的频率比是 5：4，求纯律小三度的频率比。

$$\frac{3}{2} \div \frac{5}{4} = \frac{3}{2} \times \frac{4}{5} = \frac{12}{10} = \frac{6}{5}$$

所以，纯律小三度的频率比为 6：5。

（3）欲求某音上方与下方同度音程的频率比，只用知道任何一方向该音程的频率比为多少即可，两同度音程的频率比互为倒数。

例：c^1 上方纯五度 g^1 频率比为 3：2，求 c^1 下方纯五度 f 的频率比。

$$f = \frac{2}{3}$$

（4）欲求两音程之间的倍数关系，只要求得较大音程的频率比是较小音程频率比的几次方即可。

例：已知纯五度相生律中全音频率比为 9：8，半音的频率比为 256：243，求纯五度相生律全音比半音大多少倍？

$$\left(\frac{256}{243}\right)^x = \frac{9}{8}$$

$$(1.05349)^x = 1.125$$

$$x\log_{10}1.05349 = \log_{10}1.125$$
$$x = 2.26$$

因此，五度相生律中全音频率比半音频率大约 2.26 倍。

注意：计算音律的频率是，一般限于 1 个八度之内。如果有某音超过 1 个八度时，必须将其移到 1 个八度之内，再进行计算。根据高低八度之间的关系，当高出几个八度时就应该除以 2 的几次方来还原到原八度计算；当低出几个八度时，就应该乘以 2 的几次方来还原到原八度进行计算。

三、音程值计算法

应用"对数"原理演绎成的音分值和另外几种相类似的音程计算法，统称为"音程值计算法"。

1. 音分值计算法

分值就是以 1200 为八度之值，以 100 为平均律半音之值，其他各音程视所含半音之数而递增。

我们也可以将频率比转换成音分值进行计算，例如：五度相生律中大全音为 204 音分，小半音为 90 音分，用 204÷90≈2.26，这种算法的前提也是利用对数值将频率比转化为音分值，然后再进行比较。

各音程的音分值都可以从常用对数转换而来，其方法是：

（1）先求出比例常数，即

$$\frac{1200 \text{（音分值的八度值）}}{0.30103 \text{（常用对数的八度值）}} = 3986.3137$$

音分值的比例常数即为 3986.3137。

（2）把各音程的对数值与比例常数相乘

例如：纯五度频率比为 $\frac{3}{2}$，求其音分值。

$$\lg\frac{3}{2}\times3986.3137 = 0.17609\times3986.3137 \approx 702$$

2. 对数值

一般地，如果 a（$a>0$，$a\neq1$）的 b 次幂等于 N，就是 $a^b=N$，那么数 b 叫做以 a 为底 N 的对数，记作 $\log_a N=b$，a 叫做对数的底数，N 叫做真数。

$$a^b = N \Leftrightarrow \log_a N = b$$

底数　指数　幂　　　　底数　真数　对数

有关性质：

（1）负数与零没有对数（在指数式中 $N>0$）。

（2）$\log_a 1 = 0$, $\log_a a = 1$。

（3）对数恒等式 $a^{\log_a N} = N$。

（4）常用对数：我们通常将以 10 为底的对数叫做常用对数。为了简便，N 的常用对数 $\log_{10} N$，简便记为 $\lg N$。

（5）自然对数：在科学计算中常常使用以无理数 $e = 2.71828\cdots\cdots$ 为底的对数，以 e 为底的对数叫做自然对数。为了简便，N 的自然对数 $\log_a N$ 记作 $\ln N$。

（6）底数 a 的取值范围 （0，1） $\cup$ （1，$+\infty$），真数 N 的取值范围 （0，$+\infty$）。

3. 对数值计算方法

常用对数是以 10 为底的数，这种对数应用在音程计算上通称"对数值"。对数值以采用者"沙伐"作为计算单位。

纯八度 = $\lg 2 \approx 0.30103$，即 301 沙伐。

纯五度 = $\lg 3/2 \approx 0.17609$，即 176 沙伐。

大全音 = $\lg 9/8 \approx 0.05115$，即 51 沙伐。

4. 对数值运算

（1）欲求两音程之和，把两音程的对数值相加即得。

（2）想要递加一音程若干次，把该音程的对数值乘以递加次数即得。

（3）要想把一音程均分为若干音程，把该音程的对数值除以均分之数。

5. 积、商、幂的对数运算法则

如果 $a>0$，$a \neq 1$，$M>0$，$N>0$，则

（1）$\log_a (MN) = \log_a M + \log_a N$

（2）$\log_a \dfrac{M}{N} = \log_a M - \log_a N$

（3）$\log_a M^n = n \log_a M$ （$n \in R$）

例（1）　证明：设 $\log_a M = p$，$\log_a N = q$，

由对数的定义可以得：$M = a^p$，$N = a^q$

$\therefore MN = a^P \cdot a^q = a^{p+q} \Rightarrow \log_a MN = p+q$，

即证得

$\log_a (MN) = \log_a M + \log_a N$

例（2）　证明：设 $\log_a M = p$，$\log_a N = q$，

由对数的定义可以得：$M = a^p$，$N = a^q$

$\therefore \dfrac{M}{N} = \dfrac{a^p}{a^q} = a^{p+q} \Rightarrow \log_a \dfrac{M}{N} = p-q$

即证得

$\log_a \dfrac{M}{N} = \log_a M - \log_a N$

例（3）　证明：设 $\log_a M = p$，由对数定义可以得：$M = a^p$，

$\therefore M^N = a^{np}$　　　$\Rightarrow \log_a M^n = np$

即证得

$$\log_a M^n = n\log_a M \quad (n \in R)$$

6. 其他重要公式

（1） $\log_{a^m} N^n = \dfrac{n}{m}\log_a N$

（2） $\log_a N = \dfrac{\log_c N}{\log_c a}$ $[a, \ c \in (0, \ 1) \cup (1, \ +\infty) , \ N > 0]$

（3） $\log_a b = \dfrac{1}{\log_b a}$ $[a, \ b \in (0, \ 1) \cup (1, \ +\infty)]$

四、平均音程值计算法

以十二平均律的全音 1 为标准，半音为 0.5，八度为 6 的一种计算方法，它是以音分值为基础的一种简易算法。该计算法由日本的田边尚雄先生所创用，我国著名音乐学家王光祈先生曾一度采用。

平均音程值为音分值之半数（音分值八度为 12），因此所有音程都可以由音分值除以 2 来得到。同样的，其比例常数也为音分值的一半（小数点要前移两位），所以其比例常数为 19.931568。

五、八度值计算法

"八度值" 是为了免除 "对数值" 不能明示八度的缺陷，把八度改用 1。因其意义重在八度，并且是以 2 为底的对数、以 3.32193 为 "比例常数" 的计算法则。

例如：欲求五度相生律，相生五次之后的结果，即

$$0.58496 \times 4 = 2.33984$$

其中，整数表示超出 2 个八度，余下的小数点后的则是所求之音（五度相生律大三度）的音程值。

第四节　三　种　律　制

一、五度相生律

五度相生律又称 "毕达哥拉斯律"，是从某一音开始按五度循环而推出各音的一种律制。根据生律方法不同，可分为五度律大音阶和五度律小音阶。

五度律大音阶指从主音起向上连取五律，向下取一律构成的一种音阶。

例：以 c 为主音的五度律大音阶

$$f \rightarrow \boxed{c} \rightarrow g \rightarrow d \rightarrow a \rightarrow e \rightarrow d$$

五度律小音阶指从主音起向上连取二律，向下连取四律构成的一种音阶。

例：以 c 为主音的五度律小音阶

$$\flat a \rightarrow \flat e \rightarrow \flat b \rightarrow f \rightarrow \boxed{c} \rightarrow g \rightarrow d$$

五度级（fifth degree），为了便于理解和说明，一般指五度相生律中据以相生的五度。五度音列指连续的五度级所组成的链条。常用的五度音列表见表 2-3。

表 2-3

$\flat\flat$d —$\flat\flat$a —$\flat\flat$b —$\flat$f —$\flat$c —$\flat$g —$\flat$d —$\flat$a —$\flat$e —$\flat$b — f —（c）— g —d —a —e —b —$\sharp$f —$\sharp$c — $\sharp$g — $\sharp$d — $\sharp$a — $\sharp$e — $\sharp$b

二、纯律

纯律又称"自然律"，是在五度相生律的基础上加入五倍音（三度）而推出各音的一种律制。根据生律方法不同可分为纯律大音阶和纯律小音阶。

纯律大音阶指从主音起，按五度相生向上连取二律，向下取一律，在此基础上向上大三度，构成的一种音阶。

例：以 c 为主音的五度律大音阶

$$f \rightarrow \boxed{c} \rightarrow g \rightarrow d$$
（向上大三度：a、e、b）

纯律小音阶指从主音起，按五度相生向上连取二律，向下取一律，在此基础上向上小三度，构成的一种音阶。

例：以 c 为主音的五度律小音阶

$$f \rightarrow \boxed{c} \rightarrow g \rightarrow d$$
（向上小三度：$\flat$a、$\flat$e、$\flat$b）

三、十二平均律

十二平均律又称"平均律""十二等比率"，是将一个八度的音分成频率比相等的十二个半音的一种律制。半音之间 100 音分，全音之间 200 音分（见表 2-4）。

表 2-4　以 c 为主音的十二平均律

音名	c	$\sharp$c	d	$\sharp$d	e	f	$\sharp$f	g	$\sharp$g	a	$\sharp$a	b	c^1
音分值	0	100	200	300	400	500	600	700	800	900	1000	1100	1200

第五节　关于三种律制的计算

五度相生律、纯律、十二平均律这三种律制在计算上既有共通点又存在些许差异，由于其生律的方式不同，所以计算出的音分值结果也会有所不同，相同主音的五度相生律和纯律的音分值有些是相同的，有些则不一样，十二平均律由于采取平均算法，所以和五度相生律的差异较之纯律而言大些。但需要说明的是，这三种律制的八度值相同，均为 1200 音分，八度之内各音存在差异。

一、五度相生律计算法

在西方，早在公元前 6 世纪，古希腊哲学家、科学家毕达哥拉斯及其学派就提出了"五度相生律"，因此，五度相生律又被称为"毕达哥拉斯律"。毕达哥拉斯及其学派认为，宇宙和谐的基础是完美的数的比例，音乐与宇宙天体类似，弦长比分别为 $\frac{2}{1}$、$\frac{3}{2}$、$\frac{4}{3}$ 时发出相隔纯八度、纯五度、纯四度的音程为完美的协和音程。他们将纯五度作为生律要素，由此产生"五度相生律"。

在中国，五度相生律被称为"三分损益律"，其最早记载于《管子·地员篇》中，其后《史记·律书》也对其有记载。中国的"三分损益律"的提出和应用早于西方的"毕达哥拉斯律"一百多年，这两种律制既在生律方法和原理方面有很多相似性，又各有其特点。在当今学者看来，有认为这两种律制是同一种的，也有认为这两种律制是不同的，至于结论如何还有待研究。

从计算方法上来看，两者都是采用五度相生的原则，只不过前者采用的是连续相生的方法，而三分损益法采用的是上五下四（下四上五）循环相生之法。我们知道，四度和五度互为转位音程，所以虽然计算方法上两者不同，但实则结果是一样的，两者有异曲同工之妙。

古代音差即 24 音分，又称"毕达哥拉斯音差"。因为五度相生律纯五度比平均律的纯五度高 2 个音分，所以相生 12 次，就高出 24 个音分。最小音差为 2 音分，最大音差为 27 音分，是德国莱比锡和声理论提出的。

当我们已知纯五度的频率比为 $\frac{3}{2}$，欲求以某音为主音的五度律音阶时，只需向上相生用乘法，向下相生用除法，即可。值得注意的是：在进行各音律计算时，如有超出主音八度的音，必须还原到同一个八度内，高出几个八度就要除以 2 的几次方，反之乘即可。至于各音音分值的算法，我们前面介绍过，用频率比取对数值乘以比例常数可得（见表 2-5、表 2-6）。

表 2-5 以 c¹ 为主音的五度相生律大音阶各音频率比的计算法以及各音律的音分值

音 名	c^1	d^1	e^1	f^1	g^1	a^1	b^1	c^2
生律次数	0	+2	+4	−1	+1	+3	+5	
产生法	1	$\dfrac{\left(\frac{3}{2}\right)^2}{2}$	$\dfrac{\left(\frac{3}{2}\right)^4}{2^2}$	$\dfrac{2}{3}\times2$	$\dfrac{3}{2}$	$\dfrac{\left(\frac{3}{2}\right)^3}{2}$	$\dfrac{\left(\frac{3}{2}\right)^5}{2^2}$	2
频率比	1	$\dfrac{9}{8}$	$\dfrac{81}{64}$	$\dfrac{4}{3}$	$\dfrac{3}{2}$	$\dfrac{27}{16}$	$\dfrac{243}{128}$	$\dfrac{2}{1}$
音分值	0	204	408	498	702	906	1110	1200
相邻两音频率比	$\dfrac{9}{8}$	$\dfrac{9}{8}$	$\dfrac{256}{243}$	$\dfrac{9}{8}$	$\dfrac{9}{8}$	$\dfrac{9}{8}$	$\dfrac{256}{243}$	
音分值	204			90				
相邻两音音程	大全音	大全音	小半音	大全音	大全音	大全音	小半音	

例 2-6 以 c¹ 为主音的五度相生律小音阶各音频率比的计算法以及各音律的音分值

音 名	c^1	d^1	$\flat e^1$	f^1	g^1	$\flat a^1$	$\flat b^1$	c^2
生律次数	0	+2	−3	−1	+1	−4	−2	
产生法	1	$\dfrac{\left(\frac{3}{2}\right)^2}{2}$	$\left(\dfrac{2}{3}\right)^3\times2^2$	$\dfrac{2}{3}\times2$	$\dfrac{3}{2}$	$\left(\dfrac{2}{3}\right)^4\times2^3$	$\left(\dfrac{2}{3}\right)^2\times2^2$	2
频率比	1	$\dfrac{9}{8}$	$\dfrac{32}{27}$	$\dfrac{4}{3}$	$\dfrac{3}{2}$	$\dfrac{128}{81}$	$\dfrac{16}{9}$	$\dfrac{2}{1}$
音分值	0	204	294	498	702	792	996	1200
相邻两音频率比	$\dfrac{9}{8}$	$\dfrac{256}{243}$	$\dfrac{9}{8}$	$\dfrac{9}{8}$	$\dfrac{256}{243}$	$\dfrac{9}{8}$	$\dfrac{9}{8}$	
音分值	204			90				
相邻两音音程	全音	半音	全音	全音	半音	全音	全音	

由以上两表我们可以看出，五度律主要由两种音程关系构成，即五度律大全音 $\left(\dfrac{9}{8}，204\text{ 音分}\right)$ 和五度律小半音 $\left(\dfrac{256}{243}，90\text{ 音分}\right)$，五度律的大全音比平均律的全音高出 4 音分，小半音比平均律的半音低 10 音分（平均律半音是 100 音分，全音是 200 音

分）。

五度律中特殊的音程关系有以下几种：

（1）增四度与减五度。五度律增四度为612音分，减五度为588音分，增四比减五高出一个"古代音差"24音分。

（2）增二度与小三度。五度律的增二度为318音分，小三度为294音分，增二比小三高出一个"古代音差"24音分。

（3）增五度与小六度。五度律的增五度为816音分，小六度为792音分，增五比小六高出一个"古代音差"24音分。

（4）五度律的大半音和小半音比较。五度律大半音为114音分，小半音为90音分，大半音比小半音高出一个"古代音差"24音分。凡同名半音为大半音，不同名半音为小半音。

从这些特殊的音程中我们可以看到五度相生律的特点，根据这些特点，在实际演奏中，弦乐在一定条件下，应该将♯号的音演奏得高一些，♭号的音演奏得更低一些。

二、纯律计算法

西方早期以单音音乐为主，中世纪由于对位法的出现使作曲技法逐步走向复音音乐，在早期的宗教音乐中，平行四、五、八度这种极为协和的音程被大量运用到作曲当中。渐渐人们需要更为多变的音乐，三、六度的出现成为必然，也为后来和声学的诞生打下了基础。

13世纪，英国的修道士兼音乐理论家奥丁汤提出纯律三度音列，并在理论上认为三度和六度音程结合为协和音程；德国的音乐家弗朗科把纯律大三度 $\frac{5}{4}$ 和纯律小三度 $\frac{6}{5}$ 作为协和音程；法国作曲家兼理论家维特里把纯律小六度作为协和音程；法国音乐理论家兼科学家米里斯把纯律大六度作为协和音程。

15世纪，西班牙音乐理论家兼作曲家拉米斯除把纯律大小三度作为协和音程之外，还根据季季莫斯的四音列构成一种纯律七声音阶，这种音阶与现在的纯律音阶只有一个音稍有差别。

16世纪，文艺复兴时期意大利著名的音乐理论家扎里诺提出纯律大音阶，揭示和弦原理，并于1588年设计了16键的键盘。这种理论根据大小三和弦的性质将音阶区分为大小调两类，也就是我们所说的"二元论"。

17世纪，法国音乐理论家、数学家兼哲学家梅桑纳在1637年发表了26音的纯律键盘。荷兰音乐理论家兼作曲家班恩根据这种键盘，于1639年制成一架羽管键琴。

纯律音阶的计算方法和前面差不多，只是构成方法不同，它在五度相生律的基础上加入了大小三度音程。已知纯律大三度频率比为 $\frac{5}{4}$，纯律小三度频率比为 $\frac{6}{5}$，我们同样以 c^1 为例来看看纯律大音阶和纯律小音阶的计算列表：

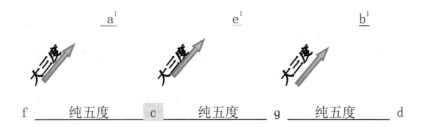

纯律大音阶是以五度相生律的四音列为主线，加入三个大三度而构成的，所以计算上只用按照音律计算法则根据音程关系来计算就可以了（见表2-7）。

表2-7　以 c^1 为主音的纯律大音阶各音频率比的计算法以及各音律的音分值

音　名	c^1	d^1	$\underline{e}^1$	f^1	g^1	$\underline{a}^1$	$\underline{b}^1$	c^2
生律次数	0	+2		−1	+1			
产生法	1	$\dfrac{\left(\dfrac{3}{2}\right)^2}{2}$	$\dfrac{5}{4}$	$\dfrac{2}{3}\times2$	$\dfrac{3}{2}$	$\dfrac{4}{3}\times\dfrac{5}{4}$	$\dfrac{3}{2}\times\dfrac{5}{4}$	2
频率比	1	$\dfrac{9}{8}$	$\dfrac{5}{4}$	$\dfrac{4}{3}$	$\dfrac{3}{2}$	$\dfrac{5}{3}$	$\dfrac{15}{8}$	$\dfrac{2}{1}$
音分值	0	204	386	498	702	884	1088	1200
相邻两音频率比	$\dfrac{9}{8}$	$\dfrac{10}{9}$	$\dfrac{16}{15}$	$\dfrac{9}{8}$	$\dfrac{10}{9}$	$\dfrac{9}{8}$	$\dfrac{16}{15}$	
音分值	204	182	112	204	182	204	112	
相邻两音音程	大全音	小全音	大半音	大全音	小全音	大全音	大半音	

从表2-7中我们可以看出，在音阶Ⅰ、Ⅳ、Ⅴ级上构成的三个正三和弦是协和的，并且同样是全音，但全音关系并不一样，分为大全音和小全音，c-d 和 d-e 这两个全音大多少呢？

根据公式，$\dfrac{9}{8}\div\dfrac{10}{9}=\dfrac{81}{80}\approx22$ 音分，即 "普通音差"。

可见在纯律中，大全音比小全音高出一个普通音差（22音分）。另外，通过比较我们可以看出，五度律大三度比纯律大三度也高出一个普通音差，所以纯律中的 $\underline{a}^1$、$\underline{e}^1$、$\underline{b}^1$ 三音比五度相生律中的 a^1、e^1、b^1 均低一个普通音差（22音分）。

$\dfrac{81}{64}$（五度律大三度）$\div\dfrac{5}{4}$（纯律大三度）$=\dfrac{81}{80}$

408（五度律大三度）−386（纯律大三度）= 22 音分

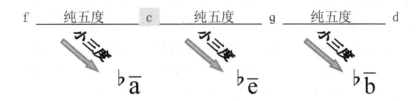

纯律小音阶同样是以五度相生律的四音列为主线，只不过加入 3 个小三度而构成的，所以计算上只用按照音律计算法则根据音程关系来计算就可以了（见表 2-8）。

表 2-8 以 c^1 为主音的纯律小音阶各音频率比的计算法以及各音律的音分值

音 名	c^1	d^1	$♭e^1$	f^1	g^1	$♭a^1$	$♭b^1$	c^2
生律次数	0	+2		−1	+1			
产生法	1	$\dfrac{\left(\dfrac{3}{2}\right)^2}{2}$	$\dfrac{6}{5}$	$\dfrac{2}{3}\times2$	$\dfrac{3}{2}$	$\dfrac{4}{3}\times\dfrac{6}{5}$	$\dfrac{3}{2}\times\dfrac{6}{5}$	2
频率比	1	$\dfrac{9}{8}$	$\dfrac{6}{5}$	$\dfrac{4}{3}$	$\dfrac{3}{2}$	$\dfrac{8}{5}$	$\dfrac{9}{5}$	$\dfrac{2}{1}$
音分值	0	204	316	498	702	814	1018	1200
相邻两音频率比	$\dfrac{9}{8}$	$\dfrac{16}{15}$	$\dfrac{10}{9}$	$\dfrac{9}{8}$	$\dfrac{16}{15}$	$\dfrac{9}{8}$	$\dfrac{10}{9}$	
音分值	204	112	182	204	112	204	182	
相邻两音音程	大全音	大半音	小全音	大全音	大半音	大全音	小全音	

通过以上内容我们可以知道，纯律大小音阶相邻两音的频率比构成规律基本一致，但由于其大小三度的位置不一样，所以纯律音阶的全音有两种：大全音 $\dfrac{9}{8}$，约 204 音分；小全音 $\dfrac{10}{9}$，约 182 音分，大小全音相隔一个普通音差 22 音分。纯律音阶的半音有一种：大半音 $\dfrac{16}{15}$，约 112 音分。

三、十二平均律的计算

明代的朱载堉于 1581 年在他的《律历融通》中提出"新法密律"；1584 年，在

《律学新说》中提出计算；1596 年，在其作序的《律吕精义》中公布详细的计算方法。朱载堉用了 15 年的时间完成了十二平均律的发明和计算，从计算和实践两个方面真正地解决了中国几千年来律学史上黄钟不能还原的问题，对中国律学史做出了重大贡献。

十二平均律，是在五度相生十二律的基础上来计算的。由于五度相生律第十三律比第一律对应的八度值要高出一个最大音差，所以我们将它平分后依次递加到每一律中，那么最后的值就正好还原。同理，我们也可以将八度值 2 开 12 次方，所得之数自乘 12 次，即可得十二律各音高度。

以 c^1 为主音的十二律的计算 $\sqrt[12]{2} = 1.05946$，将 1.05946 自乘 12 次（用 A 代表 1.05946）（见表 2-9）。

表 2-9　十二平均律的计算表

音级	1	2	3	4	5	6	7	8	9	10	11	12	13
音名	C^1	$^\sharp C^1$	d^1	$^\sharp d^1$	e^1	f^1	$^\sharp f^1$	g^1	$^\sharp g^1$	a^1	$^\sharp a^1$	b	C^2
计算	1	A^2	A^3	A^4	A^5	A^6	A^7	A^8	A^9	A^{10}	A^{11}	A^{12}	2
倍数	1	1.0549	1.1225	1.1892	1.2599	1.3348	1.4142	1.4983	1.5874	1.6817	1.7818	1.8877	2
音分值	0	100	200	300	400	500	600	700	800	900	1000	1100	1200

第六节　三种律制的异同

五度相生律、纯律、十二平均律之间既有相同点又有不同点，每种律制都有其自身的优势，也有其不可忽视的缺陷。

纯律大音阶是在五度音列 4 个相邻的音上，分别构成纯律的音阶。分别在五度级上插入纯律大三度，形成 3 个大三和弦，3 个和弦的各音按高低次序构成纯律大音阶。

纯律大三度为 386 音分，与五度相生律相差 22 音分（见表 2-10）。

表 2-10　纯律大音阶和五度律大音阶的比较

	c	d	e	f	g	a	b
纯律大音阶	0	204	386	498	702	884	1088
五度律大音阶	0	204	408	498	702	906	1110

二者的相同点在二度、四度、五度；二者的不同点在三度、六度、七度。

纯律大音阶的Ⅲ、Ⅵ、Ⅶ级都比五度相生律略低 22 音分，这个差值被称为"普通音差"。

即五度相生律大 3 度−纯律大 3 度＝408−386＝22。

纯律小全音比五度律大全音小 22 音分（204−182），纯律大半音比五度律小半音大 22 音分（112−90）。

a＝884　e＝386　b＝1088

三度间音分值

f ＿＿＿702＿＿＿ c ＿＿＿702＿＿＿ g ＿＿＿702＿＿＿ d 五度间音分值

上述三个和弦（f-a-c，c-e-g，g-b-d）构成了正三和弦，即纯律大音阶（见表 2-11）。

表 2-11　以 c 为主音的纯律大音阶的数值图表

音 级	1	2	3	4	5	6	7	8
音 名	c	d	e	f	g	a	b	c
产生法	1	$\dfrac{(\frac{3}{2})2}{2}$	$\dfrac{5}{4}$	$\dfrac{2}{3}\times2$	$\dfrac{3}{2}$	$\dfrac{4}{3}\times\dfrac{5}{4}$	$\dfrac{3}{2}\times\dfrac{5}{4}$	2
与主音的频率比	1	$\dfrac{9}{8}$	$\dfrac{5}{4}$	$\dfrac{4}{3}$	$\dfrac{3}{2}$	$\dfrac{5}{3}$	$\dfrac{15}{8}$	$\dfrac{2}{1}$
音分值	0	204	386	498	702	884	1088	1200
频率	201.63	294.33	327.04	348.84	392.45	436.05	490.56	623.26
相邻两音间的频率比	$\dfrac{9}{8}$	$\dfrac{10}{9}$	$\dfrac{16}{15}$	$\dfrac{9}{8}$	$\dfrac{10}{9}$	$\dfrac{9}{8}$	$\dfrac{16}{6}$	
相邻两音间的音分值	204	182	112	204	182	204	112	

纯律小音阶是在二倍音和三倍音之外，加入五倍音到六倍音的音程（这音程是纯律小三度，频率比是 $\dfrac{6}{5}$，计 316 音分），作为生律的基础。

　　纯律在音乐实践方面主要是在键盘乐器上应用各种"中庸全音律"，它解决了和弦发音不和谐的问题，所以在文艺复兴时期的键盘乐器（如风琴、古钢琴和羽管键琴等）上是最通用和最佳的律制。

　　向上两律 f-e-g-d，向下一律取前三律。

第三章

中外律学简史

第一节 综　述

世界各地的乐制可以分为三种体系。

一、五声体系

五声体系流行地区极广，亚洲流行于中国、朝鲜、蒙古、越南、日本、吉尔吉斯以及俄罗斯接近亚洲地区的鞑挞、马里和巴什基尔托斯坦等处，也流行于非洲地区，以及美洲黑人和美洲印第安人之间。

二、七声体系

七声体系即七声大小音阶体系，几乎流行于整个欧洲，并波及于美洲。这个体系在古时与古代希腊乐制有密切联系，今日则在国际间有着较大影响。

三、四分之三音体系

四分之三音体系在音阶中相邻两音之间存在着"四分之三音"，这种音是阿拉伯民族音阶的主要特征。这种体系流行于阿拉伯和伊朗，亦见于西亚和北非地区以及以阿拉伯民族为主体的诸国，如伊拉克、叙利亚、黎巴嫩、约旦、沙特阿拉伯、利比亚、埃及、阿尔及利亚和摩洛哥。

印度尼西亚甘美兰乐队的乐制，既是五声音阶又存在四分之三音，而这种四分之三音有异于阿拉伯和伊朗的音节，是由中立音造成的四分之三音，属于一种特殊的乐制。

印度次大陆（包括印度、巴基斯坦、孟加拉、尼泊尔和斯里兰卡）和土耳其的民族乐制基本上属于一种多变的七声音阶体系。

第二节 中国律学史简介

一、中国律学史的分期

中国律学史可以大致分为四个时期："三分损益律"发现时期，约在公元前 8 世纪，即春秋战国时期；探求新律时期，约在公元前 3 世纪至公元前 14 世纪，即汉代—元代；十二平均律发明时期，16 世纪—明代；律学研究新时期，1911 年至今。

（一）"三分损益律"发现时期

中国古籍中记载：科学律学理论《管子·地员篇》是管仲（约公元前730—公元前645年）所作的一篇研究土壤的论文。文中提出了有关音律与农业生产等相关联的论点，把音的高度与井的深度及植物生长三者相互联系起来；又把宫、商、角、徵、羽等由低到高的一列音，与家畜的鸣叫相比。管仲从数理的角度出发，把宫、商、角、徵、羽各音的精密高度做了科学的论断，提出了"三分损益律"。

《管子·地员篇》中记载："凡将起五音，凡首，先主一而三之，四开以合九九，以是生黄钟小素之首，以成宫。三分而益之以一，为百有八，为徵。有三分而去其乘，适足以是生商。有三分而复于其所，以是成羽。有三分去其乘，适足以是成角。"

用现代的计算方法表示如下：

$(1×3×3×3×3) = 81$ 　　　　宫（黄钟）

$81+81÷3=108$ 　　　　　　徵

$108-108÷3=72$ 　　　　　　商

$72+72÷3=96$ 　　　　　　　羽

$96-96÷3=64$ 　　　　　　　角

以上即表明了各律在相生次序和弦长外，还呈现出一种中国民族调式"五声徵调式"（见表3-1）。

表3-1　各音按照调式的排列顺序列表

音级	1	2	4	5	6	8
音名（五声）	徵	羽	宫	商	角	清徵
音名（今日）	c^1	d^1	f^1	g^1	a^1	c^2
弦长	108	96	81	72	64	216
长度比	1	$\frac{8}{9}$	$\frac{3}{4}$	$\frac{2}{3}$	$\frac{16}{27}$	$\frac{1}{2}$
相邻两音的长度比	$\frac{8}{9}$		$\frac{27}{32}$	$\frac{8}{9}$	$\frac{8}{9}$	$\frac{27}{32}$
音程关系（与主音）		大全音	纯四度	纯五度	大六度	八度
音程关系（两音间）	大全音	小三度	大全音	大全音	小三度	
音分值（与主音）	0	204	498	702	906	1200
音分值（两音间）	204	294	204	204	294	

《吕氏春秋·音律篇》把三分损益法由五律增加到十二律，使调的范围扩大，可以在十二律上进行"旋宫"，构成各种高度的调式。《吕氏春秋·音律篇》是战国时期吕不韦为秦国的相国时（公元前249—237年）由其门客所作。书中记载："黄钟生林钟、林钟生太簇、太簇生南吕、南吕生姑洗、姑洗生应钟、应钟生蕤宾、蕤宾生大吕、大吕

生夷则、夷则生夹钟、夹钟生无射，无射生仲吕。三分所生，益之一分以上生；三分所生，去其一分以下生。黄钟、大吕、太簇、夹钟、姑洗、仲吕、蕤宾为上；林钟、夷则、南吕、无射、应钟为下……"文中所讲的"上生和下生"，其实就是上方纯五度和下方纯五度的概念，和我们现在的概念虽然方式不同，但形式和结果是一样的（见表3-2）。

表3-2 十二律律名和今日音名及振动体长度、音分值等数据列表

生律次数	1	8	3	10	5	12	7	2	9	4	11	6
律名	黄钟	大吕	太簇	夹钟	姑洗	仲吕	蕤宾	林钟	夷则	南吕	无射	应钟
音名（今日）	f^1	$\sharp f^1$	g^1	$\sharp g^1$	a^1	$\sharp a^1$	b^1	c^2	$\sharp c^2$	d^2	$\sharp d^2$	e^2
弦长	9.00	8.43	8.00	7.49	7.11	6.66	6.32	6.00	5.62	5.33	4.99	4.74
与黄钟的长度比	1											
音分值	0	114	204	318	408	522	612	702	816	906	1020	1110

在十二律中，每次向上生一个纯五度，包括八个律（例如，从林钟到太簇），所以上生五度也称为"隔八相生"。将林钟、夷则、南吕、无射、应钟五律移高八度。黄钟的振动体长度，古代习惯定为九寸。照晚周尺，每寸合今日2.30886厘米。中国广大地区数千年来一直沿用三分损益率至今。这一时期，虽然在目前出土的乐器曾侯乙编钟上已经存在纯律的音律，但仍然是以五度相生为基础的律制体系。

（二）探求新律时期

秦朝（公元前221—公元前207年）是中国第一个中央集权的统一的封建国家，从秦朝一直到处于中国封建社会发展时期的元朝为律学发展的第二个时期。这段时期是我国文化艺术的高度融合和繁荣的时期，各族人民相互学习、交流，文化艺术在各个领域都呈现出繁荣的景象。隋唐时期，"燕乐"广泛流行，创作者和演奏者大都是各族人民中具有优秀艺术才能的人，他们被召集到宫廷中来，后有的散落民间，对民间音乐文化的发展起到了促进作用。这一时期主要是围绕如何解决三分损益法所存在的弊端问题。

在这一时期，乐器的发展也呈现出阶段性的特点：从汉代的笛、阮、箜篌，到南北朝的锣、方响（一种以铁片为发声体的定音打击乐器），再到隋唐的琵琶之类的乐器、奚琴（胡琴的前身）。

三分损益法的弊端为黄钟不能还原，十二律不能周而复始，给十二律"旋相为宫"造成障碍。

探索的解决办法有：①三分损益法相生到十二律继续向下生，但在实践上受到很大限制。如：京房六十律、钱乐之的三百六十律。②在十二律本身内调整各律的高度，使十二律中的最后一律能回到出发律上，这才是解决之道。如：何承天的"新律"、朱载堉的十二平均律。

在较长时间内，律学家们就三分损益法的弊端问题进行探索、实践，以期解决黄钟不能还原的问题，在这个过程中许多律学理论应运而生，直到朱载堉的十二平均律才真正解决了这一难题。这段时期在律学史上被认为是"探求新律时期"。

1. 京房"六十律"

京房（公元前77—公元前37年），本姓李，字君明，在律学论著中用此名。

"六十律"：京房依照三分损益法，从黄钟起相生到中吕，继续向下生律，直到六十律"南事"为止。当升到第五十三次"色育"这一律时，已与黄钟极为近似，但他为了"周而复始"旋相为宫，故生至第六十律。为了简洁明了，下表按其生律次序，用 f 为出发律，将六十律的律名和今日的音名对照（见表3-3）。

表 3-3　六十律的律名和今日的音名对照表

1. 黄钟(f)——	2. 林钟(c)——	3. 太簇(g)——
4. 南吕(d)——	5. 姑洗(a)——	6. 应钟(e)——
7. 蕤宾(b)——	8. 大吕($^\sharp f$)——	9. 夷则($^\sharp c$)——
10. 夹钟($^\sharp g$)——	11. 无射($^\sharp d$)——	12. 中吕($^\sharp a$)——
13. 执始($/f$)——	14. 去灭($/c$)——	15. 时息($/g$)——
16. 结躬($/d$)——	17. 变虞($/a$)——	18. 迟内($/e$)——
19. 盛变($/b$)——	20. 分否($/^\sharp f$)——	21. 解形($/^\sharp e$)——
22. 开时($/^\sharp g$)——	23. 闭掩($/^\sharp d$)——	24. 南中($/^\sharp a$)——
25. 丙盛($//f$)——	26. 安度($//c$)——	27. 屈齐($//g$)——
28. 归期($//d$)——	29. 路时($//a$)——	30. 未育($//e$)——
31. 离宫($//b$)——	32. 凌阴($//^\sharp f$)——	33. 去南($//^\sharp e$)——
34. 族嘉($//^\sharp g$)——	35. 邻齐($//^\sharp d$)——	36. 内负($//^\sharp a$)——
37. 分动($///f$)——	38. 归嘉($///c$)——	39. 随期($///g$)——
40. 未卯($///d$)——	41. 形始($///a$)——	42. 迟时($///e$)——
43. 制时($///b$)——	44. 少出($///^\sharp f$)——	45. 分积($///^\sharp c$)——
46. 争南($///^\sharp g$)——	47. 期保($///^\sharp d$)——	48. 物应($///^\sharp a$)——
49. 质末($////f$)——	50. 否与($////c$)——	51. 形晋($////g$)——
52. 夷汗($////d$)——	53. 依行($////a$)——	54. 色育($////e$)($\approx f$)——
55. 谦待($////b$)($\approx c$)——	56. 未知($////^\sharp f$)($\approx g$)——	57. 白吕($////^\sharp c$)($\approx d$)——
58. 南授($////^\sharp g$)($\approx a$)——	59. 分乌($////^\sharp d$)($\approx e$)——	60. 南事($////^\sharp a$)($\approx b$)——

例中第五十四律$////e$，比e高四个最大音差，共计 93.8 音分，约相当于五度律小半音e-f，约 90.2 音分，两者差数 3.6 音分，所以$////e$与f极为相近，可以认为它们为等音。所以京房的六十律在理论上提供了一种微小的音差来变换音律的可能性，因此这种微小音差(3.6 音分)也被成为"京房音差"。

京房在计算时用了以下三个数字：

实数：黄钟　3^{11} = 177147，其他各律按三分损益法求得。

律数：实数除以 19683，所得之商以寸、分、小分为名。

准数：实数除以 18683，所得之商以尺、寸为名。

京房把六十律中的每一律，按律间的大小用一日至八日来表示，这样，原三分损益十二律的十二个律间就有 30 和 31 日之别，合于今日我们所说的小半音、大半音，仅三个律间有误。

京房的律制有其科学价值：

（1）提供了可以变换音律的微小音差。

（2）在半音或全音之间都有许多律，虽然这种律制应用起来很困难，但是可以供律学研究之用。例如：

$$f\text{-}////e（3.6 音分）\text{-}//f（23.5 音分）\text{-}//f（47 音分）\text{-}///f（70.4 音分）$$

$$\text{-}///f（93.8 音分）\text{-}{}^{\#}f（113.7 音分）$$

（3）发现用管定律与用弦定律的不同，首次提出"竹声不可度调"，开创了弦律器做律学实验的先例。对后世律学研究产生了深远影响。

2. 钱乐之"三百六十律"

南北朝时期（420—589 年），宋元嘉年间（438 年前后），据《隋书·律历志》记载："宋元嘉中，太史（当时掌管历法的官吏）钱乐之因京房南事之余，引而伸之，更为三百律。……总和旧为三百六十律，日当一管。……"

钱乐之把按三分损益法所生的三百六十律分为十二部，即原三分损益十二律，在每一部中有三十四律和二十七律之分（黄钟一部三十五律），含三十四（五）律者计五部，均合我们今天所称的大半音；含二十七律者计七部，均合今天我们所称的小半音。钱乐之将三百六十律中的一律当一日，"一日"即"钱乐之音差"，比京房音差更微小，仅 1.845 音分，在中国古代律学史上，钱乐之的三百六十律达到音律细分的最高程度。

3. 何承天"新律"

何承天（370—447 年），东海郯人，在晋代末期和南朝宋时历任军政官府中的参军等要职。他是无神论者，精通律学和历法，反对京房一味增加律数的做法，而是从十二律本身调整格律的高度，使十二律中最后一律回到出发律上。他在中国律学史上迈出了可贵的一步，成为世界上最早用数学解决十二平均律的人。

《隋书·律历志》中："上下相生，三分损益其一，盖是古人简易之法。……后人改制，皆不同焉。而京房不误，谬为六十。"承天更设新律，则从中吕还得黄钟，十二旋宫，声韵无失。黄钟长九寸，太簇长八寸二厘，林钟长六寸一厘，应钟长四寸七分九厘强。

据《宋书·律历志》记载，何承天新律的计算法以传统的"一而十一三之"（$3^{11}=$ 177147）为黄钟律的实数，按三分损益法得仲吕律之实数为 131072，若再三分益一还生黄钟律时得 $174762\frac{2}{3}$，不足 $2384\frac{1}{3}$。何承天将此不足的差数十二等分，依次递加在原三分损益产生的十二律上，然后将各律实数用"一而九三之"（$3^9=19683$）除之，得黄钟 9 寸及其他十一律相对的律长（计算到寸、分、厘，余数或不足数用强弱表示）。见表 3-4。

表 3-4　何承天新律的计算及对应数值

生律次序	1	8	3	10	5	12	7	2	9	4	11	6
律名	黄钟	大吕	太簇	夹钟	姑洗	仲吕	蕤宾	林钟	夷则	南吕	无射	应钟
今日音名	$\sharp f^1$	g^1	$\sharp g^1$	a^1	$\sharp a^1$	b^1	c^2	$\sharp c^2$	d^2	$\sharp d^2$	e^2	f^2
振动体长度	9 寸	8.49 寸大强	8.02 寸	7.58 寸强	7.15 寸强	6.77 寸	6.38 寸强	6.01 寸	5.7 寸弱	5.36 寸少强	5.09 寸半	4.79 寸强
音分值	0	99.28	199.55	296.78			595.22	699.04	790.93	896.06	984.91	1091.44
音分差							-4.78	-0.96	-9.07	-3.94	-15.09	-8.55

4. 其他新律的探讨

第一，刘焯的律制。

刘焯（581—618 年）当过参议律历等咨询性的官吏，他于公元 604 年提出一种律制，但是该律制在物理学原理上是完全错误的，所以不可能成功。《隋书·律历志》引述刘焯的计算法："其黄钟管六十三为实，以次美律减三分，以七为寸法，约之，得黄钟长九寸，太簇长八寸一分四厘，林钟长六寸，应钟长四寸二分八厘七分之四。"即以六十三除以七作为第一律黄钟，以后各律照半音的次序，递减三，再除以七，生十二律，各律相邻之间的振动体长度的差数都相同，为 0.43。

这个律制的错误其原因在于，他把十二律中相邻两律间的"长度的等差"误当成"音程的等比"，因此使构成的十二律的高度混乱，也无法回到出发律。

第二，王朴的律制。

王朴（907—960 年）五代时期，东平人，周世宗显德六年提出一种新律。王朴克服了旧三分损益律黄钟和清黄钟不构成同律纯八度的缺点，在纯八度的框架内调整十二律时又首创了缩小三分损益的分母数的生律方法（时称"新法"）。他对后来朱载堉的"新法密律"的形成产生了重要影响。所以朱载堉在其《律吕精义·外篇》（1596 年）中评论王朴时称他为"足以度越诸家"的"一代之奇才"。

据《旧五代史·乐志》记载："……乃作律准十三弦。宣声长九寸，张弦各如黄钟声。以第八弦六尺设柱，为林钟。第三弦八尺设柱，为太簇。第十弦五尺三寸四分设柱，为南吕。第五弦七尺一寸三分设柱，为姑洗。第十二弦四尺七寸五分设柱，为应钟。第七弦六尺三寸三分设柱，为蕤宾。第二弦八尺四寸四分设柱，为大吕。第九弦五尺六寸三分设柱，为夷则。第四弦七尺五寸一分设柱，为夹钟。第十一弦五尺一分设柱，为无射。第六弦六尺六寸八分设柱，为中吕。第十三弦四尺五寸设柱，为黄钟之清声。十二律中，旋用七声为均。为均之主者，宫也；徵、商、羽、角、变宫、变徵次焉。发其均主之声，归乎本音之律。七声迭应而不乱，乃成其调。均有七调，声有十二均，合八十四调。歌奏之曲，由之出焉。"他认为："黄钟之声，为乐端也。半之，清声也。倍之，缓声也。三分其一损益之，相生之声也。十二变而复黄钟，声之总数也。"他定清黄钟的长度为黄钟的一半，其余各律的长度仍用三分损益法相生，见表3-5。

表 3-5　王朴首创的分母数的毛律方法

生律次序	1	8	3	10	5	12
律名	黄钟	大吕	太簇	夹钟	姑洗	仲吕
音名	$g^1$①	$^\sharp g^1$	a^1	$^\sharp a^1$	b^1	$^\sharp b^1$②
振动体长度	9寸	8.44寸	8寸	7.51寸	7.13寸	6.68寸
音分值	0	111.22	203.91	313.33	403.23	516.09

生律次序	7	2	9	4	11	6	13
律名	蕤宾	林钟	夷则	南吕	无射	应钟	清黄钟
音名	$^\sharp c^1$	d^2	$^\sharp d^2$	e^2	$^\sharp e^1$	$^\sharp f^1$	g^1
振动体长度	6.33寸	6寸	5.63寸	5.34寸	5.01寸	4.75寸	4.5寸
音分值	609.26	701.95	812.15	903.7	1014.14	1106.4	1200

第三，蔡元定"十八律"。

蔡元定（1135—1198年），建阳布衣，著有《变律篇》，认为何承天的新律"惟黄钟一律成律，他十一律皆不应三分损益之数，其失又甚于房"。

十八律：根据三分损益法，生到十二律再向下六律，共十八律，后六律为"变律"，六个变律都比原有的同名律高一个最大音差。

该律虽不能解决回到出发律的问题，但是在一定范围内可以适应十二律旋相为宫，这对当时来讲还是有一定使用价值的。

第四，荀勖"笛律"。

荀勖（265—289 年），晋代颍阳人，担任秘书监、尚书令等官职，还管理音乐事业，考定音律。

荀勖于泰始十年制成十二支笛，以应十二律。笛上开孔，以合音阶各音。他在三分损益律的基础上调整得出管口校正数，来制定各笛的长度和笛上各个按孔的距离。这个校正数是一支律笛的长度与另一较高四律的律管长度的差数。

管口校正即管内气柱振动时，气柱的一部分要突出在管口的外面，即气柱的长度要比管的长度稍长。因此，计算气柱的频率或照音的高度，计算管的长度时必须做管口校正。

笛律的计算：当时的计量单位"尺"，相当于今天的 23.0886 厘米，所以当时黄钟的长度是 20.7798 厘米，较高四律的姑冼长度为 16.4186 厘米。

所以这个差数为：

20.7798−16.4186＝4.3612

该差数就是荀勖黄钟笛上的管口校正数。

以黄钟笛为例：

①以四倍于姑冼的长度作为全笛的长度。

16.4186×4＝65.6744（黄钟笛全笛长度）

②以黄钟的长度和姑冼的长度之和作为笛上宫音之孔位。

20.7798＋16.4196＝37.1984（宫音孔位第五孔）

③以宫音的长度加入管口校正数就是宫音气柱的长度。

37.1984＋4.3612＝41.5596（宫音气柱长度）

④以宫音的气柱长度为基础，根据三分损益法，再减去管口校正数就得出笛上各音的孔位。

$$41.5596 \times \frac{4}{3} = 55.4128$$

55.4128−4.3612＝51.0516（徵音孔位，第二孔）

$$55.4128 \times \frac{2}{3} = 36.9419$$

36.9419−4.3612＝32.5807（商音孔位，背孔）

$$36.9419 \times \frac{4}{3} = 49.2559$$

49.2559−4.3612＝44.8947（羽音孔位，第三孔）

$$49.2559 \times \frac{2}{3} = 32.8373$$

$$32.8373 \times \frac{4}{3} = 43.7831$$

43.7831−4.3612＝39.4219（变宫孔位，第四孔）

$$43.7831 \times \frac{4}{3} = 58.3775$$

58. 3775−4. 3612＝54. 0163（变徵孔位，第一孔）

笛上的各音孔位如图 3-1 所示（取小数点后两位），图中角音是低八度的角音：

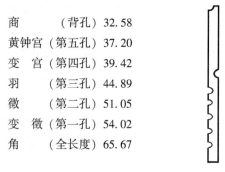

商　　　（背孔）32. 58
黄钟宫（第五孔）37. 20
变　宫（第四孔）39. 42
羽　　　（第三孔）44. 89
徵　　　（第二孔）51. 05
变　徵（第一孔）54. 02
角　　　（全长度）65. 67

图 3-1　笛上各音的孔位

第五，琴律。

在器乐曲七弦琴琴谱上，纯律音程的应用很早就已存在，七弦琴的"徽位"很适合纯律产生的条件。南北朝时梁代邱明（494—590 年）所传的七弦琴琴谱《碣石调幽兰》在 13 个徽位上广泛的应用泛音，产生了纯律的音程。

七条线中每条弦按琴谱中所用之调，选用适当的徽位，在任何一条线上，准确按在第三、六、八、十一、十二等徽位上，就能分别发出空弦的纯律大三度、大六度、小三度的音程，七弦琴上的 13 个徽位表明七弦琴的徽位、弦振动部分的长度和所发之音三者的关系。第十三徽位所发之音是自然七度的转位。

七弦琴上七条弦的定音法，通常由低到高作徵、羽、宫、商、角、清徵、清羽。七弦琴上的 13 个徽位见表 3-6：

表 3-6　七弦琴上的 13 个徽位

徽位序数	空弦	13	12	11	10	9	8
振动长度	1（全弦）	$\frac{8}{7}$	$\frac{5}{6}$	$\frac{4}{5}$	$\frac{3}{4}$	$\frac{2}{3}$	$\frac{3}{5}$
可发纯律之音		自然七度的转位	小三度	大三度	纯四度	纯五度	大六度
徽位序数	7	6	5	4	3	2	1
振动长度	$\frac{1}{2}$	$\frac{2}{5}$	$\frac{1}{3}$	$\frac{1}{4}$	$\frac{1}{5}$	$\frac{1}{6}$	$\frac{1}{8}$
可发纯律之音	八度	八度+大三度	八度+纯五度	两个八度	两个八度+大三度	两个八度+纯五度	三个八度

（三）十二平均律发明时期

明代（1368—1644 年）处于封建社会没落、资本主义萌芽的时期。明代中叶以后，农业生产发展较慢，但是出现了工场手工业，并得到普遍的发展；一些地区的纺织业，已带有资本主义的萌芽性质。自然科学各个领域的研究，都有进一步的发展。明末，西方的自然科学开始输入，使中西的科学（数学）得以融会贯通。自然科学新的发展推动了律学取得巨大的成就——十二平均律的发明。

朱载堉（1536—1612 年），明代贵族郑恭王朱厚烷的儿子，由于统治者内部矛盾，其父受处分入狱，他不满当时的腐败统治，在其父入狱期间，筑土室于宫门外，独居 19 年，钻研律学、数学、天文历法和舞蹈，直到其父获释才回到王宫，其父死后他不承袭爵位，而以著述终身。著有《乐律全书》，包括《律历融通》《律学新说》《律吕精义》等。

1. 朱载堉"十二平均律"

十二平均律，是中国律学史上一项重大的贡献。与今日的十二平均律完全相同，但当时统治者对这一重大发明没有给予重视，更谈不到予以实施。《律历融通》中称其为"新法密律"，该书有万历九年（1581 年）的序文，说明十二平均律发明是在 1581 年之前。

先采用缩小三分损益法分数式中的分母数的方法，求得十二平均律五度和四度的比数。"先置黄钟长十寸，在位下生者，五亿乘之为实，七亿四千九百一十五万三千五百三十八为法，除之得林钟。就置所得全数，在位上生者，十亿乘之为实，仍以前法除之得太簇。余律放（仿）此，乘除十二遍，则返本还原。此系新法，与古法不同。……"文中所述，是将旧三分损益法"三分损一""下生"之 $\frac{2}{3}$ 变成 $\frac{500000000}{749153538}$，将"三分益一""上生"之 $\frac{4}{3}$ 变成 $\frac{1000000000}{749153538}$，然后按上下相生之序求得"返本还原"的十二平均律。从今日的算法来看，等于先把八度开 2 次方 $\sqrt[2]{2}$，得 1414213……为八度的一半，即十二平均律中六个半音处的 $^\sharp$f。再开 2 次方 $\sqrt[2]{1.414213}$，得 1.189207……为八度的四分之一，即三个半音处的 $^\sharp$d。如果从 $^\sharp$f 算起，则为 a。再开三次方 $\sqrt[3]{1.189207}$，得 1.059463……为八度十二分之一，即半音的 $^\sharp$c，即任何律的高一律计算方法如下：

度本起于黄钟（按比作 c）之长，则黄钟之长，即度法一尺。命平方一尺为黄钟之率；东西十寸为句，自乘得百寸为句幂；南北十寸为股，自乘得百寸为股幂；相并，共得二百寸为弦幂。乃至弦幂为实，开平方法除之，得弦一尺四寸一分四厘二毫三忽五微六纤 2372095048801689，为方之斜，即圆之径，亦即蕤宾倍律之律……，见表 3-7。

表 3-7 "十二平均律"的计算

律名		音名	
黄钟	倍率	c	2000000
大吕	倍率	$^\sharp$c	1887748
太簇	倍率	d	1681792
夹钟	倍率	$^\sharp$d	1681792
姑洗	倍率	e	1587401
仲吕	倍率	f	1498307
蕤宾	倍率	$^\sharp$f	1414213
林钟	倍率	g	1334839
夷则	倍率	$^\sharp$g	1259921
南吕	倍率	a	1189207
无射	倍率	$^\sharp$a	1122462
应钟	倍率	b	1059463
黄钟	正率	c	1000000

2. 异径管律

朱载堉发现以管定律与以弦定律的不同并提出"异径管律"论,以期起到管口校正的作用。

各律以半音进入较高次一律时,管不仅要缩短长度,同时要缩小围径。

比利时音响学家马容在 1890 年发表的报告说,他曾依照朱载堉提出的关于律管长度和内径的数据,就黄钟的倍律(低八度)、正律和半律(高八度)三律加以实验,认为三律在八度关系上都符合降 E 音,而且完全准确。

1911 年,刘勇又做了一次实验,也证明朱氏的管律是不折不扣的十二平均律。

第三节 外国律学史简介

一、毕达哥拉斯律时期(前 6 世纪—14 世纪)

毕达哥拉斯学派:毕达哥拉斯和他的门徒们对律学进行研究,认为"数"是世界万物的本质。他曾用弦测音器作为实验工具，用数学研究当时音阶的定律法，提出五度相生律，后世称为"毕达哥拉斯律制"。

古希腊——四音列，两个四音列可以构成七声音阶。

理论派即毕达哥拉斯学派根据数学来研究律学。和声派即后起的一批人则强调根据听觉来定律。

四音列的构成：该音列中只有一个五度律小半音和两个大全音。还可以把五度律小半音移至两个大全音之后。见表3-8。

表3-8　四音列的构成

音名	e	f	g	a
距主音音程		五度律小半音	五度律小三度	纯四度
距主音音分值	0	90	294	498
相邻两音的音程	五度律小半音	大全音		大全音
相邻两音音分值	90	204		204

古希腊音乐的七声体系，下例明示各种调式的音程结构，其中2、3、4为主要调式，都由两个相同音程结构的四音列构成，见表3-9。

表3-9　各种调式的音程结构

序号	调式名	调式音阶
1	混合利底亚	b c d e f g a b
2	利底亚	c d e f g a b c
3	弗里吉亚	d e f g a b c b
4	多里亚	e f g a b c b e
5	下利底亚	f g a b c b e f
6	下弗里吉亚	g a b c b e f g
7	下多利亚	a b c b e f g a

表3-10为利底亚调式用毕达哥拉斯律的各种音程构成。

表 3-10　利底亚调式用毕达哥拉斯律的各种音程构成

音级	1	2	3	4	5	6	7	8
音名	e	f	g	a	b	c	d	e
距主音音程		五度律 小半音	五度律 小三度	纯四度	纯五度	五度律 小六度	五度律 小七度	八度
距主音 音分值	0	90	294	498	702	792	996	1200
相邻两音 的音程	五度律 小半音	大全音	大全音	大全音	五度律 小半音	大全音	大全音	
相邻两音间 的音分值	90	204	204	204	90	204	204	

二、纯律时期（15 世纪—17 世纪）

这个时期，自然科学有很大发展，进步的科学技术使乐器制造有较大的改进，精良的技术操作和精密的音律计算，使纯律能在键盘乐器上以一定的方式实现。

纯律：大小三六度。

14 世纪初期，正值复调音乐渐趋成熟，那时就有人注意到纯律的音程，想把它应用在多声部的结合上，以期获得和谐的效果。英国修道士、音乐理论家兼科学家奥丁汤（Walter de Odington，1248—1316 年）发掘千余年前希腊和声派诸家所倡导的纯律理论，于 1275 年至 1300 年间提出纯律的三度音列，并在理论上认为三度和六度音程结合为协和音程。

德国科隆的音乐理论家弗朗科把纯律大三度和纯律小三度作为协和音程。

法国作曲家兼理论家维特里把纯律小六度作为协和音程。

法国音乐理论家兼科学家米里斯把纯律大六度作为协和音程。

15 世纪，西班牙音乐理论家兼作曲家拉莫斯除把纯律大小三度作为协和音程之外，还根据季季莫斯的四音列构成一种纯律七声音阶。

c　<u>d</u>　<u>e</u>　f　g　<u>a</u>　<u>b</u>　（c）

这个音阶与今日的纯律大音阶的不同之处在于 <u>d</u> 音低了一个普通音差，所以 c—<u>d</u> 之间变成了小全音，而 <u>d</u>—<u>e</u> 之间成了大全音。拉莫斯提出的纯律大音阶后由扎利诺发展为近代的纯律大音阶。

扎利诺是文艺复兴运动全盛时期意大利著名的音乐理论家。他不仅对纯律而且对中庸全音律和十二平均律都有一定的研究。此外，他首先揭示和弦的原理，为近世和声学做好理论准备。他提出的纯律大音阶就是通常所称的纯律大音阶，并且为了应用纯律音阶于 1588 年设计了一种键盘，如图 3-2：

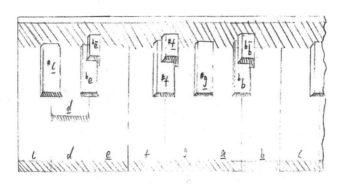

图 3-2 键盘

这个键盘包含如图 3-3 所示的十六律（转调上受限制）：

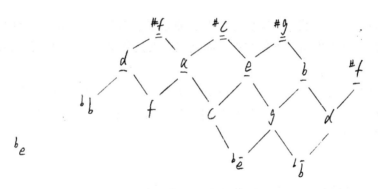

图 3-3 十六律

半世纪后，法国音乐理论家、数学家兼哲学家梅桑纳在 1637 年发表新的键盘设计，如图 3-4：

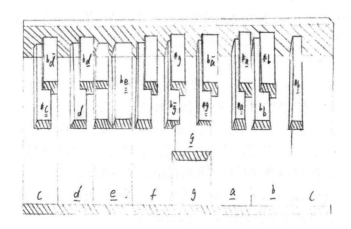

图 3-4 梅桑纳发表的键盘设计

这个键盘包含二十六律（如图 3-5）：

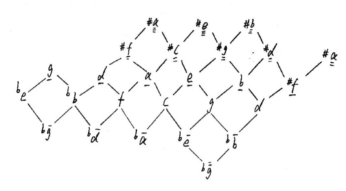

图 3-5　二十六律

荷兰音乐理论家兼作曲家班恩根据这种律制于 1639 年制成一架羽管键琴。梅桑纳认为这样的设计能发出完善的和声，而且演奏家只要花一周时间去联系就能克服演奏上的困难。

纯律在音乐实践方面主要是在键盘乐器上应用各种"中庸全音律"，它解决了和弦发音和谐的问题，所以是文艺复兴时期键盘乐器（管风琴、古钢琴和羽管键琴）上最通用且最佳的律制。

三、十二平均律时期（18 世纪—20 世纪）

十二平均律最早于 15 世纪就有人提出，16 世纪许多人加以研究和实验，它与中庸全音律、不规则律相抗衡，直至 18 世纪开始得到迅速发展和普遍使用，在 19 世纪成为律制典范。在 18 世纪，欧洲音乐进入划时代的发展时期，不仅在音乐创作方面，而且在音乐理论方面都产生新的成果。主调音乐不仅得到巩固，而且积极发展起来，同时复调音乐进入新的时期。追求调的不同性格的风尚，让位给大小音阶各调的音程组织与和弦组织的同一性；转掉（包括各种调的应用和触及它调的变化音）日趋繁复，是音乐家逐渐认知十二平均律的优越性。

1. 加利莱伊（Vincenzo Galilei，1520—1591 年），音乐理论家、作曲家、演奏家、歌唱家。1851 年，在琉特琴上以 99 音分作为半音，构成十二律。

2. 拉莫斯，受到西班牙民间拨弦乐器"吉他"和"维乌埃拉琴"的纸板上的品条是按半音安装，同时用等比例的半音构成音阶的启发，在 1482 年提出十二平均律理论。

3. 扎利诺，在 1588 年用计算的方法提出十二平均律。

4. 斯特芬（Simon Stevin，1548—1620 年），荷兰数学家兼工程师，在 1600 年前后，用 2 开 12 次方的方法，提出十二平均律。

第四节　亚洲民族乐制

一、中国的中立音问题

中国一些戏曲和民间器乐曲常于音阶或调式中使用四分之三音，它们常在调式中小三度之间产生，也称为中立音。例如：在五声调式中高低两方的小三度之间加入的中立音。

"中立音七声徵调式"——中国戏曲秦腔中"苦音"和晋剧中所长用。"中立四度"——古音阶中的四级音常用，湖南花鼓戏也用到。"中立音五声羽调式"——湖南花鼓戏常用。

这些都与该剧中的主要伴奏乐器的定弦和指位有密切关系。秦腔和花鼓戏分别用中音板胡和大筒伴奏，两个乐器都是以纯五度定弦。

二、日本民族乐制

近代日本民族律制把壹越的绝对应高定位为 292.7Hz，这个高度比十二平均律的 d^1 低 6 音分。按照顺八逆六的相生法，黄钟 a^1 的频率为 439.1Hz，比国际标准音低了 1 音分（见表 3-11）。

表 3-11　其他各律的频率和音分值表

序号	1	2	3	4	5	6	7
律名	壹越	断金	平调	绝	下无	双调	凫钟
今日音名	d^1	$\sharp e^1$	e^1	f^1	$\sharp f^1$	$\sharp g^1$	$\sharp a^1$
频率数	292.7	308.3	329.3	246.9	370.4	390.3	411.1
音分值	0	90	204	294	408	498	588
相邻之间音分值	90		114		90		114		90		90

序号	8	9	10	11	12	13	
律名	黄钟	鸾镜	盘涉	神仙	上无	壹越	
今日音名	a^1	$\sharp b^2$	b^2	c^2	$\sharp b^2$	d^2	
频率数	439.1	462.3	493.8	520.4	548.1	585.4	
音分值	702	792	905	996	1086	1200	
相邻之间音分值	114		90		114		90		90		114

日本的民族调式是五声调式，分为"无半音五声调式"和"有半音五声调式"。

田舍节——农村的民歌所用的调式相当于无半音五声调式。都节——都市歌曲所用的调式，相当于半音五声调式，有上行和下行两种形式（如图3-6所示）：

图3-6 田舍节和都节的调式

明治年代（1868—1912年）为了使日本的调式与西方近代和声相结合，从大小音阶删去四、七级音而产生了两种音阶。大调性去四七音阶，属无半音五声调式；小调性去四七音阶，属有半音五声调式。

日本音乐学家小泉文夫在其《日本传统音乐研究》一书中，对日本各种传统音乐的音阶和调式做了分析、归纳，提出新的日本音阶体系。他以"四度三音列"作为音阶构成的基本要素。

四度三音列即从四音列中取构成纯四度的首尾两音，在其中插入一个音构成，插入音构成四种音程关系，从而构成四种四度三音列。

三、印度次大陆的民族乐制

印度次大陆包括印度、巴基斯坦、孟加拉、尼泊尔、斯里兰卡。印度古代音阶有七个音级的"斯沃勒"（见表3-12）：

表3-12 印度古代音阶表

音级名称	意译	简写	音译
saḍja	具六	sa	萨
rṣabha	神仙调	ri	利
gāndhāra	持地调	ga	格
madhyama	中令	ma	玛
pañcama	等五	pa	帕
dhaivata	明意	dha	达
niṣāda	近闻	ni	尼

简写音级名亦用作唱名。

古代印度人常常将音乐理论的七个音级与日月星城、季节气候、禽兽鸣声、人不同的年龄以及各种颜色相比拟，将七个音级比作月亮、水星、金星、太阳、火星、木星、土星等，或比作马、象、山羊、苍鹭、牛、杜鹃等动物的鸣叫声。

四、印度尼西亚甘美兰乐队的乐制

印度尼西亚以甘美兰乐队闻名于世，这支乐队历史悠久，有人说早在公元前 1 世纪就已经有甘美兰乐队中的主要乐器——鼓形大锣。据德国民族音乐家孔斯特考察得出，最早的一种爪哇甘美兰三音乐器可能出现在 347 年。甘美兰乐队具有超自然的、神授的力量，能呼风唤雨、控制人感情等。

甘美兰乐队主要用以金属、木制、竹制为发声体的多种打击乐器，加入拉弦乐器和管弦乐器，乐队主要以单独演奏或为舞剧伴奏为主，乐队乐器有特殊的乐制。

甘美兰乐队分为两种乐制，互不相同也不能合奏。

1. 甘美兰·斯伦德罗

简称斯伦德罗，有好几种乐制，这里主要阐述两种：（1）定形斯伦德罗——采用"五平均律"；（2）不定形斯伦德罗——不规则五律。经日本专家和爪哇的库苏玛迪纳塔两人共同测音研究认为，斯伦德罗乐制是十平均律，并构成三种五声音阶。

2. 甘美兰·珀洛格

甘美兰·珀洛格的乐制见表 3-13。

表 3-13 甘美兰·珀洛格的乐制

序号	1	2	3	4	5	6	7	8	9	10	11
频率	230	246.5	264.5	283.5	303.5	325.5	348.5	373.5	401	429	460
音分值	0	120	242	362	480	601	719	839	962	1079	1200
平均化音分值	0	120	240	360	480	600	720	840	960	1080	1200
相邻两音音分值	120										

五、泰国、缅甸等地的一种乐制

在泰国的民族乐器中存在着一种被平均化的律制，"七平均律"。它被称作平均七声音阶，既是律制也是乐制。德国音乐学家施通普夫和埃利斯都对泰国的木琴类乐器进行过测音和计算，证明其平均律是存在于泰国的民族律制中的（见表 3-14、表 3-15）。

表 3-14 施通普夫的测算结果

七平均律	各音数值							
	1	2	3	4	5	6	7	8
音分值	0	182.6	344	522.6	687.2	864.6	1037.2	1200
相邻音分值	182.6	161.4	178.6	164.6	177.4	172.6	162.8	

表 3-15 埃利斯的测算结果

七平均律	各音数值							
	1	2	3	4	5	6	7	8
频率	285	317	349	383	429	471	522	577
音分值	0	184	350	511	708	866	1044	1218
相邻音分值	184	166	187	197	158	178	174	

六、土耳其的民族乐制

土耳其效法古希腊的音乐理论，把土耳其音阶分为两个四音列，用连接或叠接的方法构成七声音阶。土耳其音乐理论家奥兰萨伊为适应土耳其音阶的音程于 1957 年提出二十九律制；20 世纪 70 年代，土耳其音乐理论家卡拉代尼兹在他的《新音乐体系》一书中提出四十一律制；近代，埃兹吉、贝伊、阿雷尔等人提出五十三平均律，这种每一律为 22.64 音分的微小律制被称为"阿拉伯音差"，它介于普通音差与最大音差之间。这种律制是现代土耳其音律普遍使用的律制，它的五种主要音程所含的音分值和律数如表 3-16：

表 3-16

律数	音分值	相当其他律制的音程及其音分值
4	90.56	毕达哥拉斯律小半音（90 音分）
5	113.2	毕达哥拉斯律大半音（114 音分）；纯律大半音（112 音分）
8	181.12	纯律小全音（182 音分）
9	203.76	纯律大全音（204 音分）
12	271.68	纯律增二度（275 音分）

为了在五线谱上准确记录该律制，除普通升降记号外还增加了若干相应记号，见表 3-17：

表 3-17

降低和升高的律数	降低和升高的音分值	记号	
1	22.64 音分	ꟼ	ꞁ
4	90.56 音分	ꞁ	♯
5	113.2 音分	♭	ꞁ

第五节　律制的应用

一、钢琴的律制应用

钢琴虽被视为十二平均律调音的乐器，但在调律的时候同时也用到五度相生律和纯律，由于十二平均律在转掉、移调和变化音上有其独特的优势，无论多么负责的转调或移调，无论多么繁杂的变化音，在十二平均律中都能非常方便的使用，但它也存在一些缺点，而这些缺点需要用另外两种律制来弥补，从而使钢琴的调律更加准确。十二平均律在构成大小三和弦时音律不纯，并且存在模糊"协和音"和"不协和音"的界限问题。

在多声部音乐中，音程的协和与不协和是音结合的两大范畴，而在十二平均律中，等音的相互转换导致协和音和不协和音的范畴完全的模糊。纯一、四、五、八为协和音程；大小三六为次协和；大小二七和所有增减音程为不协和。然而在有等音变化的十二平均律中，协和音程的小三度与不协和音程的增二度互为等音，从听觉上来说，两音完全一致，但其性质的协和程度却完全不同。

今天的钢琴全都依照十二平均律来调音，但也有些特殊的时候。有些演奏家为了保持十七八世纪作曲家作品的时代风格，要求依照中庸全音律来调音，例如，17 世纪英国和意大利作曲家的奏鸣曲、J.S 巴赫同时代的作曲家为管风琴写的前奏曲和赋格曲、莫扎特的一些奏鸣曲和协奏曲等。

钢琴的通用调音法有两种：

一种是用十二平均律中的纯五度（700 音分）加入八度而调音的，即十二平均律+五度相生律。

该调音法从小字组 a 音 220Hz 出发，向上伸出高八度小字一组的 a¹ 音 440Hz，然后向上相生纯五度到小字一组的 e^1 音，如此相生最后回到小字一组的 a^1 音（如图 3-7 所示）。

图 3-7

另一种是用十二平均律纯五度（700 音分）加入大三度（400 音分）而调音的，即十二平均律+纯律。

该调音法从小字一组的 c^1 为基础（a^1=440Hz，c^2=216.63Hz），向下生低八度小字组的 c 音，然后连续向上生两个大三度，分别达到 e 音和 $^\sharp$g 音，再从 $^\sharp$g 音下生纯五度达到 $^\sharp$c 音，再连续向上生两个大三度，f 音和 a 音，并检查纯四度 f—c 音协和程度，如此相生最后生出 b 音（如图 3-8 所示）。

图 3-8

钢琴调好基础的八度（或一组）之后，是在一定组位，即上方高于八度、下方低于八度来调音，从而形成"偏差音"，并非全按基础八度内各音机械地向上方照高八度（1200 音分）迭加、向下方照低八度迭加。偏差音全靠优秀的调音师以其训练有素的听觉来调整，调音师和音乐家、演奏家的不同爱好以及钢琴的不同结构，都会使偏差音发生变化。美国马萨诸塞州芝加哥公司提供的钢琴偏差音处理资料表明，不同类型钢琴的偏差音也不一样（见表 3-18）。

表 3-18　不同类型钢琴的偏差音

	大字一组 D_1	大字组 D	小字组 d	小字一组 d^1	小字二组 d^2	小字三组 d^3	小字四组 d^4
平台大钢琴	+9	+4	+2	+2	+6	+8
立式大钢琴	+11	+5	+4	+4	+6	+9
立式小钢琴	+16	+9	+6	+6	+7	+12

据说，德国汉堡斯坦威公司制造的平台大钢琴不存在偏差音，这也是该品牌钢琴高价值和高价格的体现。偏差音的行程是由弦的性质而确定的，高音的琴弦张力大，弦很坚硬，振动时除弦振动外还伴随着棒振动的性质，因此导致琴弦频率会偏大；而低音的琴弦多使用缠弦，其粗细程度和重量都大于高音的琴弦，其性质同高音弦相反，因此琴弦频率也会偏小。偏差数值可以用音分值来表示，图 3-9 表明了立式小钢琴的偏差数值，从横向的偏差曲线我们可以看到，越往钢琴的两端走，偏差越大。

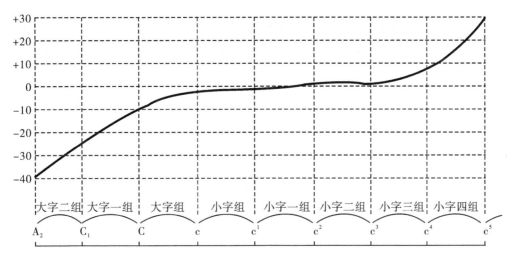

图 3-9　立式小钢琴的偏差数值图

二、小提琴的律制应用

小提琴由于其音律的复杂性，对演奏技术有很高的要求，它除了运用到我们所熟知的三种律制外，还会运用到其他音律律制。五度相生律因其在乐器上存在的时间长、影响较深，所以总的来说占据着主要地位；小提琴家的演奏因为其从业者大多接受十二平均律的训练，所以在不同程度上接近于十二平均律；而在多声部的现代作品及其演奏上，小提琴演奏受纯律的音响，匈牙利小提琴家约阿希姆就是用纯律来演奏小提琴的代表。

德国音乐理论家兼小提琴家豪普特曼认为，小提琴演奏上音律并不严格准确，正如拍子不完全复合节拍器是一样的道理，在一定范围内律制是完全有可能自由变化的，我们应当正确理解音律的准确性和变通性之间的关系。音律的准确性是基础，表演的灵活性是发展，两者缺一不可，不能过于片面。

在弦乐器中，五度相生律的影响是重大的。弦乐器不光用五度相生律的纯四、纯五定弦，通常在演奏半音时尽量把音程缩小，便于解决到主音上。

在弦乐重奏和合奏中，一般都倾向于使用五度相生律，但个别段落上由于和弦的需要有可能需要改用纯律；在小提琴和钢琴合奏或者钢琴为小提琴伴奏时，情况就有所不同，为了和钢琴相适应，小提琴会更倾向于十二平均律，如果演奏时需要体现和弦的走向合乎纯律的效果，就必须在低方声部作适当的变动，从而保持高方声部与钢琴的十二平均律相合。

三、声乐的律制应用

音律上声乐的变通性基本上与小提琴相同，普遍情况是：当合唱队的指挥要求队员们唱大音程时，需尽量扩大音程来演唱；唱小音程时，尽量缩小音程来演唱。这就必然使合唱倾向于五度相生律，当需要演唱多声部歌曲或者需要体现纯律效果时就得有具体的变化。

四、乐队的律制应用

管弦乐队中弦乐器的音律基本上侧重于五度相生律，同时涵盖十二平均律和纯律；各种木管乐器基本上应用十二平均律，但可以通过不同的指法和吹法把音高稍加改变以适应其他律制；铜管乐器中常应用的超吹手法使其偏向纯律。管弦乐队集合各类乐器而形成一个综合体，不能容许乐器们各行其是，虽然各种类型的乐器都有其中心律制，但在管弦乐队的演奏中就需要相互变通从而形成一个整体。

管弦乐队指挥最重要的一个任务就是要发挥乐队在音律上的有利条件，调整乐队的音律。指挥可以根据乐曲或者乐曲内在部分的性质来决定使用某种律制或者侧重某种律制。例如：要演奏钢琴协奏曲，就要求乐队适应十二平均律；表现弦律性很强的段落时应偏向五度相生律；要演奏西方早期宗教作品时应偏向于纯律；和声性突出而且不需要用铜管乐器吹奏的乐曲也偏向纯律。

还有在对待一些特殊作曲家的某些作品时，也应考虑相应的律制倾向。如，德国作曲家瓦格纳有些着重"变化和弦""等音转调"的音乐，法国作曲家德彪西的"全音音阶"作品，贝多芬的有些等音转调的作品等都会要求用十二平均律来处理。

第四章

关于乐器制作材料的相关知识

第一节　乐器制作材料的研究进展

一、国内研究进展

在我国古代著作《吕氏春秋》中就已经有记载声学定律的文字，20 世纪中叶开始，我国农业科学家和音乐学家才真正意义上开始研究木材和乐器制作的内在关系。1961 年，中国林业科学院木材研究所和北京乐器研究所合作对我国 31 种木材进行研究，得出木材含水率增加时，对数衰减加快，密度增大，而声辐射阻尼减小的结论；1968 年，北京乐器研究所和北京管乐器厂合作开展了木管乐器用材——枫木的防裂、变形研究，认为廉价木材可以经过处理成为复合木材而取代稀缺的红木和黑木。20 世纪 90 年代，张辅刚首次就乐器用材的声学性质、选择、锯切方法等问题进行了详细系统的介绍，为木材行业及乐器生产企业的实际生产奠定了科学理论基础。1992 年，东北林业大学刘一星教授测定了多种木材的振动特性指标，研究了树种内的木材振动特性指标的变异规律和影响因子，证明了木材虽然具有优良的发音性能，但其内部结构的差异直接影响木材的发声性能。

近几年，沈隽和其导师全面、系统地对 8 种云杉树木材的声振特点进行研究，从木材的年轮宽度、晚材率百分比同木材振动性能的关系，纤维素结晶度与木材振动效率、音色的关系，木材管胞长度和动弹性模量、振动效率的关系等多方面进行了研究。安徽农业大学的马丽娜、邵卓平等研究了木材物理及几何因子、宏观构造特征、解剖构造特征与木材声振动特性之间的关系。

当今，随着社会的发展，国家也将音乐教育纳入到中小学教育中，乐器深入到每家每户，有的家庭甚至有七八种乐器，而随着人们需求日益增加，但国内木材的产量逐年减少的趋势，如何更好地节约能源生产出更多高品质的乐器是值得人们思考的问题，国内相关的专家、学者也开始将目光投入到这一研究领域来。

二、国外研究进展

国外对乐器中木材的使用虽然不比中国早，但其研究成果却比中国更多更深入。从目前的文献资料看来，外国 19 世纪就有学者研究了木材的发声机制、振动特性等方面的内容，揭示出木材相关的基本原理，并开始利用数据来评价木材发声振动的优劣性。

日本是研究木材对于乐器发声性能的大国，20 世纪以来，一大批学者投入到乐器制作木材的研究当中，为乐器声学性能的优化提供了很好的理论基础。则元京（Norimoto）、外琦真理雄（Tonosaki）、祖父江信夫、青木务、小幡谷英一、矢野浩之、久保岛吉贵等学者分别针对不同的乐器和不同的树种，从各个方面对乐器使用木材进行了不同程度的研究。

则元京通过测定针叶树木的各种参数，发现可以用物理量来评定木材的声学性质的好坏，还发现内摩擦损耗与树种气干密度有关；外琦真理雄、祖父江信夫分别研究西加云杉振动的内在关系和木材振动的支撑及对应弹性模量之间的关系；青木务研究木琴物理性质与听觉之间的关系；小幡谷英一对木管乐器中芦苇材料与美国西加云杉做比较进行研究；矢野浩之从小提琴的制作材料入手进行研究，分别以德国云杉、棘云实红木进行研究，证明了改变表板的厚度可以弥补由于材料特性的变异引起的振动特性的变化；久保岛吉贵则对挪威不同地区生长的各种树龄云杉进行振动测定，从密度、纤维结晶度、树龄等方面出发，说明乐器用材经过热处理后的特性变化。

随着近年来木材的日益稀少，特别是珍贵木材资源一树难求的局面，用于制作乐器的高质量木材越显珍贵，人们开始研究和开发新型的材料，以代替原有的珍贵木材。2002年，日本的小野皇明等以玻璃、碳这种纤维材料结合聚氨酯泡沫制作适合乐器制作声振动性能的复合材料，并将它与西加云杉做比较，以获得和西加云杉相类似的声学特性。

从国内外的研究我们可以看出，目前对乐器中使用材料的研究还是比较深入的，但研究数量和群体还很少，至于投入到实际运用中的更是凤毛麟角，现在乐器的制作，更多的仍然是依托乐器技师的主观方式进行评判。随着一代代老技师的去世，年轻人中能承袭高素质技艺的乐器技师越来越少，而随着社会的发展，人口的增加，市场对于乐器的需求量却越来越大，如何既能保证乐器发声质量又能提高乐器出产的数量，是目前乐器制作业面临的巨大问题。我们只有更好地掌握乐器材料振动发声的相关知识，才能使其更好地应用到实践中去。

第二节　关于乐器材料的使用

乐器的种类有很多种，分类方式各有不同。有根据发声原理来分类的，有根据制作材料的不同而分类的，也有依据形制而分类的，无论哪一种乐器，其制作材料直接影响到音色。目前，我们所知道的乐器共有1300个品种，其中民族乐器达500多种。从古到今，制作乐器的材料多种多样，无论是我国非物质遗产的古琴还是西方早期的管风琴、钢琴，再到现代日新月异的电声乐器，乃至于现代音乐厅的修建……木材因其良好的声音性能被广泛应用于乐器及其发音板的制作当中。

目前，普遍采用的应用于乐器制作的木材有杉木、泡桐等，高档的有红木、檀香木等珍贵木种，乐器的好坏取决于它是否具有好的声音，声学品质的优劣是乐器质量的具体体现。多年来，乐器行业主要依赖于乐器技师的个人经验，看、掂、敲、听、试等主观评判方式使得乐器的质量、自动化生产程度和出材率都受到限制。

一、共鸣板相关用材

此部分制作适合采用云杉、泡桐、银杏、香红木、红松等树种，且需具备共振性能好、弹性模量与密度比值高、树脂含量少、材质轻软、组织结构小、干燥性能良好、易处理、纹路清晰等特点。

二、外部部件相关用材

此部分的制作一般应用为琴壳、箱体、键盘，多采用红松、鱼鳞云杉、核桃、水曲柳、黄杞、椴树等结构均匀细腻、纹理清晰、切面光滑美观、涨缩性小的树种。

三、支撑件相关用材

此部分多用于制作琴头、琴杆、琴码子等，一般采用有较高力学性质、硬度较高的重型木材，同样需要切面光滑美观、涨缩性小、不翘裂变形等特点的木材。多用苏木、黄檀、紫檀、乌木、黄杨、枣木、梨树、柿子树等。

四、特殊乐器用材

此部分多为各类打击乐器材，如木琴、鼓、木鱼、云板等。一般采用硬度高、结构匀称、涨缩性小、不易变形的木材，适宜的有桑树、黄杨、枣树、紫檀、香樟、黄檀、银杏等树种。

因此，了解木材的结构特征，分析木材的振动特性，建立一个乐器发声材料客观选取的评价标准是节约现有珍贵木材、合理利用木材资源、提高出材率和乐器声学品质的有效途径和方法。了解乐器制作材料的声学品质是提高我国乐器产品质量与档次，促进我国乐器制造总体水平提高和增强国际竞争力的必要条件。

第三节　乐器木材的相关知识

一、乐器共鸣板用木材的声学特性

声学性能好的木材具有优良的声共振性和振动频谱特性，能够将弦振动的幅度扩大并美化其音色和向空间辐射声能，是其广泛用于乐器共鸣部件制作的重要依据。其主要研究集中在三个方面：①乐器共鸣板用木材的声振动特性，主要研究各种树种木材的声振动特性及其检测方法，研究木材的物理特征、宏微观构造与其振动性能的内在关系；②乐器共鸣板用木材的选取，木材的客观评价对于提高乐器产品的质量具有重要意义；③乐器共鸣板用木材的改性，从改善木材声振动性能及保持其声振动性能稳定出发，研究其改性方法和成效。

二、基于声学特性的木质材料无损检测研究

主要研究应用声学的方法（如超声波法、声发射法、声振动法等），实现对木质材料的力学性质、内部缺陷等的检测，有三种主要方法：

（1）超声波法：主要通过超声波在木材中的传播时间和速度的不同来判别木材的腐烂程度。

（2）声发射法：在外部条件改变时，利用木材内部迅速地能量释放研究木材的力学性质。

（3）声振动法：利用声波在木材中的传播速度和阻尼的变化来判断木材的力学性质及缺陷。

三、建筑中木质材料的声学特性研究

（一）木材的吸声性能研究

木材的吸声性能表示它吸收和透射的能量与入射能量之比值。例如，2cm 厚的冷杉板材，其吸声系数约为 0.1，表示该木材有 90% 的入射声能被反射。在空气中，当空气分子自由移动的时候，由于它与孔壁之间的摩擦所产生的热能很小，所以其吸声系数能达到 1 或者 100%，因此，质地柔软、多孔的材料具有更好的吸声性能。例如：木丝板、软质纤维板、吸声板等。

木材和木质材料的声吸收效果与声源频率有关。软质纤维板对高频的吸收较多，吸音效果随着板材的增厚而增加（20cm 以内）；木丝板由于具有空隙体积大和表面空隙高的特点，所以具有较好的声吸收性能，并且还可以通过打孔、开槽的方式进一步提高。

（二）木材的隔声性能研究

隔声性能要求使用密实质重的材料，与声吸收是完全相反的需求。隔音效果与材料种类有关，材料的隔声性能可以用透射的声强度损失分贝数（D）来表示，两层或多层材料组成的密封墙壁隔音性能更好。

单层的声透射损失取决于两个因素：①壁层越重越强，则声压越低；②由于声压变化小，对高频的声波隔离效果更好。

（三）木质空间的混响研究

在特定的室内空间中，不同材料的吸声和隔声性能对室内空间混响产生着重要的影响。音乐厅里具有良好的隔音性能、吸声性能，以及对声音的释放和混响功能，才能使我们在音乐厅中更好地欣赏音乐。

四、木材的声振动特性及性能评价

（一）木材的声振动特性

振动指物体沿一定的规律在一定的时间周期内所做的往返运动。这种振动不断减小直到消失，称为衰减的自由振动或阻尼自由振动。

（1）振动方式有纵向振动、横向振动、扭转振动。

（2）木材声振动性能的主要指标有：声辐射品质常数与比动弹性模量（高）；内摩擦损耗对数衰减率与动力学损耗角正切（较低）；木材的声阻抗（较小）声辐射阻尼（较高）。

（3）乐器共鸣板用木材的声振动性能评价：优良的声共振性和振动频谱特性。例如：琵琶、扬琴、月琴、阮、钢琴、提琴、木琴等。电声乐器系统也利用它制造各类音箱，调整扬声器的声学品质。共鸣板用木材的声学性能直接影响到乐器的质量。

（二）乐器制作行业对乐器音板的声学性能品质要求

（1）对振动效率品质的评价。具有较高的振动效率，能把从弦振动所获得的大部分能量转变为声能辐射到空气中去；同时，损耗于音板材料内摩擦等因素的能量小，使发出的声音具有较大的音量和足够的持久性。

（2）有关音色的振动性能品质评价。来自弦的各种频率的振动应均匀增强，并将其辐射出去，以保证在整个频域的均匀性。云杉很适合做音板。

（3）对发音效果稳定性的评价与改良。取决于木材的抗吸湿能力和尺寸稳定性，它能使乐器发音效果稳定。

五、合理高效利用乐器共鸣板用材的重要性

随着生活水平的提高，人们对精神生活的追求日趋强烈，对乐器的需求也不断提高。而除铜管乐以外，几乎所有的乐器生产都离不了木材，而木材的振动性能很大程度上决定了乐器的质量。

解决目前资源紧张矛盾的方法主要有：培育新资源；研究替代产品；充分利用现有资源，从优材优用、高效利用出发，充分开发出有资源的潜能。

目前国内关于乐器材料部分的研究还很不足，相关的文献资料更少，乐器的制作大多属于技师的经验作品，各种类型乐器的制作要从声学、律学、材料学、物理学等多方面进行研究才能有更多的好乐器呈现于世人。

第四节 钢琴的结构与声学系统

钢琴属键盘击弦乐器，可以分为两种：立式钢琴、三角钢琴（如图4-1、图4-2所示）。立式琴琴弦的横向布置使琴体呈站立姿态，三角琴琴体近似于一个三角形，呈水平

方向放置，多用于音乐会。

图 4-1 立式琴

图 4-2 三角琴（卧式琴、平台琴、演奏会用琴）

一、钢琴的音域

钢琴有 88 个键盘，其音域为 A^2（27.5Hz）—c5（4286Hz）（如图 4-3 所示）。

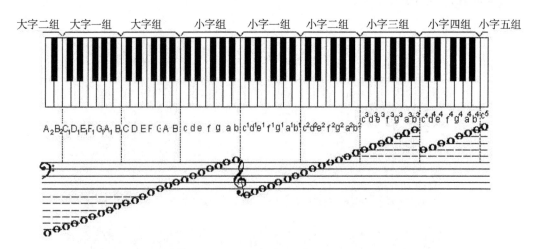

图 4-3 钢琴的键盘及音域

二、钢琴的结构

钢琴是结构最为复杂、功能最为强大的乐器。钢琴制造厂家将钢琴分为四个部分

(一) 张弦部分

也称张弦总成或张弦结构,是整架钢琴的骨架,人们习惯将这部分比喻为钢琴的脊柱。它长期支撑着按照顺序排列起来并且绷紧形成巨大张力的琴弦,将琴弦、弦架、共振系统等多种金属、木制件组合为一个整体,使钢琴形成一个可靠的支撑基础。它对整架钢琴能在每时每刻 "重载" 的情况下正常工作起到关键作用(如图 4-4 所示)。

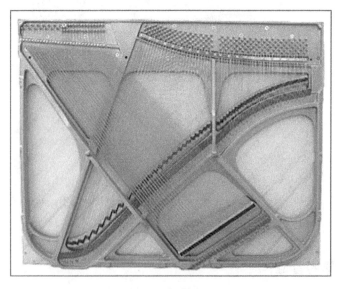

图 4-4 钢琴张弦

　　张弦部分是琴弦振动发音与增强音辐射的主体部分，主要由弦架、琴弦、背板、音板、弦轴等组成。弦架：又称铁板、铁排，是支撑琴弦的基础构成件之一，它把200多根琴弦排列在上面，承受琴弦张紧后带来的巨大张力（约16000KG以上），对张弦系统及整架钢琴的稳定都起着重要的作用。琴弦：钢琴的音像部分，也称为钢琴的发音体，受击弦机的弦槌敲击而振动发声。背板：背柱，对钢琴的音准稳定起着重要的作用，与弦架等共同承载来自琴弦的张力，也是音板、外壳的连接基础（如图4-5所示）。

图4-5　钢琴背板

　　音板：钢琴的共振体，把弦振动传到音板，通过音板对声波的共振与过滤，使声音扩大和美化（如图4-6所示）。

图4-6　钢琴音板

　　弦轴：琴弦上端的连接件。琴弦的上端缠绕在弦轴上，下端拧装在固定板件中，起固定作用（如图 4-7 所示）。

图 4-7　钢琴弦轴

（二）击弦机械

也称键盘机械，是钢琴的心脏。通过琴键的下沉、升起触发一系列组合件联合杠杆运动，完成击弦与制止发音的过程，是保证钢琴正常工作的重要环节之一。

键盘：由键杆与键盘底盘两个主体组成。主要是弹奏钢琴使手对琴键的作用力通过上下运动的方式传递给击弦机。

击弦机（立式钢琴）：主要由铁架、主梁、枕梁、调节器、联动器、转击器、制音器等构件集合而成（见表 4-1）。形成一个完整的复奏式杠杆系统，对钢琴的弹奏性能、键盘触感及声学品质都起到至关重要的作用（如图 4-8、图 4-9 所示）。

图 4-8　击弦机立面图

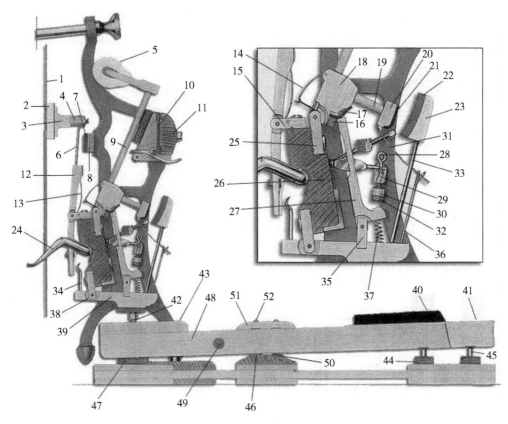

图 4-9　击弦机横剖面图

表 4-1　立式钢琴击弦机机构图名称一览表

01. 琴弦	14. 钩簧	27. 顶杆	40. 黑键
02. 制音毡	15. 制音器轴架	28. 调节钮螺丝	41. 白键
03. 制音头	16. 转击器毡	29. 调节档	42. 卡钉
04. 音头钮	17. 转击器毡皮	30. 调节钮	43. 后座板
05. 弦槌毡	18. 转击器凸轮	31. 攀带	44. 扁销垫圈
06. 制音丝杆	19. 制动柄	32. 调节钮底毡	45. 扁销
07. 制音档毡	20. 制动木	33. 托木杆	46. 中档平衡木
08. 制音档	21. 制动木皮革	34. 勺钉	47. 后档呢
09. 弦槌柄	22. 托木毡	35. 顶杆轴架	48. 键杆条
10. 背档呢	23. 托木	36. 攀带勾	49. 铅块
11. 背档	24. 制音器抬档	37. 顶杆弹簧	50. 圆销垫圈
12. 制音杆	25. 转击器轴架	38. 联动器轴架	51. 中座板
13. 制音弹簧	26. 转击器总档	39. 联动杆	52. 圆销

(三) 瓣机械

主要是增强、延续钢琴的发音或减弱钢琴的响度。它依靠一系列杠杆的联动来完成，以木质材料为主的立式钢琴踏瓣机械由弱音梁、支棍、传动梁、踏瓣、踏瓣弹簧、连接杆、连接板等一系列零部件组成。

中小型立式钢琴有三个踏瓣（左弱音踏瓣、中弱音踏瓣、右延音踏瓣），三角钢琴有两个踏瓣。

外壳是钢琴内部构件的"保护衣"、大共鸣箱，还起到美化的作用。它有两种组合形式：合在一起后不可任意拆动的固定连接，组装后可以自由掀转活动或不使用工具就可以随意卸装的活动连接。

立式钢琴由顶盖、上门、侧板、后键盖、键盖、中盘架、锁门条、下锁门条、中盘、琴腿、下门、琴脚、下门底框、琴底板、下门底框、琴底板及轮脚等部分构成（如图 4-10 所示）。

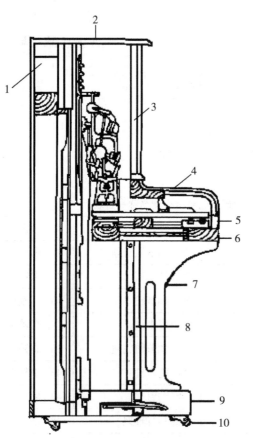

1. 后背架　2. 顶盖　3. 上门板
4. 键盘盖　5. 锁挡　6. 键盘底板
7. 键盘支腿　8. 下门板　9. 琴脚
10. 琴脚轴辘

图 4-10　立式钢琴外壳侧面图

1. 钢琴的声学系统

钢琴的声学系统指机械构造中直接参与振动发音和对振动与声音有直接影响的机件所组成的系统。激发部分全部由弦槌组成；振动发音部分包括弦列（中高音裸弦、低音缠弦）和音板（共振板、肋木、音板框）；振动和声音的控制部分包括止音头、弱音呢、消声器及外壳；辅助功能部分包括辅助完成以上功能的各类构件。

2. 钢琴声学品质的研究包括客观评价和主观评价

（1）声音强度（音量）即对能效转换的追求。

（2）声衰减，充分持久的音取决于显得衰减率和音板的机械阻力，还受室内混响和位置的影响。

（3）音色，音所包含的谐音数和强度。

3. 音乐对人体生理、心理反应的影响

（1）人在音乐刺激下会引起一定的生理变化：刺激性的音乐——心率和脉搏率增加；中性或镇静性音乐——心率和脉搏率下降。

（2）呼吸效应：大声的、快速的音乐——呼吸频率增加（深度与喜好有关）；摇篮曲、听觉节奏暗示——呼吸同步。

（3）血压效应：节奏感强、刺激性音乐——血压上升；镇静性、自我选择性音乐——血压下降。

第五节　乐器用材

木材的适用范围广泛，我们在选材时应根据木材的纹理结构、物理力学性质和加工特点来分析它们的最大功能体现。乐器用材主要有以下四种用途：

一、共鸣部件

需具备的条件：首先，结构细致、材质轻软、含树脂量少，共振性能良好，弹性模量与密度的比值高，不能用应力木；其次，干燥性能良好，胀缩性小，易胶接、油漆和着色，纹理、材色美观洁白。

适宜树种：云杉、泡桐、红松、银杏、槭树、香红木、核桃楸、刺楸、水青冈等。

二、琴壳、风箱、手风琴及键盘

需具备的条件：首先，纹理通直、结构细致均匀、胀缩性小、不翘裂变形；其次，纹理和材色美观、切削面光滑、油漆和着色性能良好。

适宜树种：云杉、鱼鳞云杉、华山松、核桃、槭树、核桃楸、黄杞、黄波罗、椴树、柚木、水曲柳、白蜡树、檫树、楠木等。

三、胡琴杆、琴头、琴码等

需具备的条件：木材较重硬、有较高的力学性质、切削面光洁、胀缩性小、不翘裂变形、色泽美观、油漆及胶接性能佳。

适宜树种：苏木、黄杨、降香黄檀、笔木、黄檀、紫檀、乌木、格木、枣木、核桃、梨木、柿木、鸭脚木、铁力木等。

四、打击乐器（木琴、鼓、板鼓、新疆鼓、木鱼、云板等）

需具备的条件：木材较重硬、结构均匀、胀缩性小、不翘裂变形。

适宜树种：桑树、黄杨、枣树、紫檀、香樟、乌柏、黄檀、红豆树、榉树、蚬木、柳树、银杏、桦木等。

附录

基础知识问答

一、声学相关

1. 乐器的声音是如何传播的？

答：乐器的声音是靠乐器或人体的一部分受到振动发出声波，通过空气介质来传播的。

2. 人声的发音原理？

答：人声是依靠声带振动而产生的，来自肺部和气管的气流持续冲击声带，引起振动，从而发出声音。

3. 什么是乐音和噪音？

答：乐音和噪音的区别在于，前者是有规律振动发出的声音，后者是无规律振动发出的声音。

4. "声学"一词最早由谁提出？

答：在西方，最早在18世纪初期由法国物理学家索维尔提出。在中国源自北宋，由宋代著名科学家沈括在他所著的《梦溪笔谈》中提出。

5. 我国"声学"一词的提出，产生于哪个朝代哪本文献？

答：北代著名科学家沈括在他所著的《梦溪笔谈》中提到："以管色奏双调，琵琶弦辄有声应之，奏他调则不应，宝之以为异物。殊不知此乃常理。二十八调但有声同者即应，若遍二十八调而不应，则是逸调声也……人见其应，则以为怪，此常理耳。此乃声学至要妙处也。今人不知此理，故不能极天地至和之声。"

6. 什么是振动？

答：物体围绕一个位置作往返运动，即称为"振动"。

7. 什么叫周期性振动？

答：每经过一定时间，物体振动形态与起始时的状态，包括物体位置、方向、速率、速度变化率等完全一样的振动。如地球围绕太阳的转动，弦乐器琴弦和手风琴簧片的振动，都属于周期性振动。

8. 什么叫非周期振动？

答：与周期性振动相反。如弦乐器拉奏或拨奏时，琴弓或指甲与琴弦刚刚接触的一刹那的振动就属于非周期性振动。

9. 什么叫简谐振动？

答：人们常以一种最简单的振动形式作为振动的基本模式，称为"简谐振动"。"简谐振动"是一种周期性、没有衰减、周而复始的正弦或余弦振动。

10. 什么叫阻尼振动？

答：振动物体的振幅随着时间延续而衰减的振动叫做"阻尼振动"。自然界存在的振动大多是阻尼振动。阻尼振动主要受到来自材料性状、几何形状和外部阻力的影响。

11. 什么叫频率？

答：频率（frequeny）是物体每秒种振动的次数。它是与乐音高度直接联系的一个物理量，单位叫赫兹（Hertz），符号为 Hz。

12. 人耳能听到的频率范围是？

答：20Hz~20000Hz。

13. 什么叫共振？

答：当外部策动力的频率与物体固有频率非常接近或完全相等时，振幅会迅速达到它可能的最大值，这种现象称为"共振"。

14. 什么是波长？

答：无论横波还是纵波，每个波经过一个周期以后，振动形态就会重复，而波就传播了一定距离，这个距离就称为"波长"（wave length）。两个波峰之间的距离就是波长，常用字母 λ 表示，通常使用的计量单位是"米"。

15. 什么是电磁波？

答：电磁波又称电磁辐射，是由同相振荡且互相垂直的电场与磁场在空中以波的形式移动所形成的波。电磁辐射可以按照频率分类，从低频率到高频率，包括无线电波、微波、红外线、可见光、紫外光、X-射线和伽马射线等。人眼可接收到的电磁辐射，波长大约在 380~780nm 之间，也称为可见光。

16. 什么是响度？

答：响度，音乐界和音响工程领域常称为"音强"或"音量"，是指人耳感觉到的声音大小或强弱。

17. 什么是拍音，它是如何运用到十二平均律的调律技术中的？

答：拍音指的是两个振频相近的声波所合成的强弱相间的声音。键盘乐器的调律者，通过听辨和控制一些音程的拍音频率，如四度每秒一拍左右，五度两秒三拍左右，可以提高调音的准确性。一般来讲，在钢琴调律时听同度、八度比较容易，而听四度和五度就比较困难，因此要借助于拍音来调律。具体方法是：调同度和八度时，完全消除拍音的出现；四度和五度则按照其拍音特点来调律，即平均律的四度要比五度相生律和纯率的四度稍宽（+2 音分），而平均率的五度要窄一点（-2 音分）。

18. 声音有哪些传播特性？

答：声波的叠加性、声波的干涉性、声波的反射性、声波的折射性、声波的衍射性和声波的独立传播性。

19. 嗓音器官分为哪几个部分？

答：振动体——声带；激励体——提供气息的呼吸系统；共鸣体——胸腔、咽腔、鼻腔、头腔等；调控系统——神经和肌肉组织。

20. 什么是空间音乐声学？

答：空间音乐声学领域包含的声场研究有：室内声学（room acoustics）、厅堂声学（auditorium acoustics）和建筑声学（architectural acoustics）。任何不同的乐器在不同的空间环境中呈现的演奏效果是不同的，因此我们把客观存在的封闭空间（室内）和开放空间（室外）的声学研究统称为空间音乐声学。

21. 什么是直达声？

答：指从声源发出的直接到达接收者的声音。对听音乐来说，直达声是非常重要的一种声波，对声源的定位起着至关重要的作用。

22. 什么是反射声？

答：指声波遇到刚性界面反射而至的声音。

23. 什么是散射声？

答：指声波遇到不规则形状反射物后扩散产生的声音。

24. 什么是混响声？

答：指从各个方向来的，以相同的概率到达每点的多次反射声。

二、律学相关

1. 什么是律？

答：律即音，是构成律制的基本单位，一音为一律。律，指人们为了使音乐规范化，综合自然发音原理、科学运算、听觉审美习惯等因素，有意选择的一组高低不同的音符所组成的体系。

2. 什么是律制？

答：律制（Tuning system）指各律在相互关系上做精密的规定而形成的某种体系，并用以制定这套体系的音高排列标准和数学方法。

3. 什么是律学？

答：律学（Temperament），又称音律学，是依据声学"原理"，运用数学方法系统全面研究律制内各音间相互关系的一门学科。

4. 什么是国际标准音？

答：目前国际通用的标准高度是 440Hz 的 a 音，即以小字一组的 a 为"标准音"，$a^1 = 440Hz$，此音高亦被称为"第一国际高度""演奏会高度"。

5. 什么是标准音，它是如何演变的？

答：在很长一段历史时期内，由于对标准音 a 没有统一的音高认证，所以在不同地区、不同时期，音高体系往往是不一致的。十七八世纪，国际标准音高的频率从 415Hz 到 430Hz 不等。1859 年，法国巴黎音乐家和物理家学会将 a^1 定为 435Hz。1939 年，在伦敦举行的国际会议上确定 $a^1 = 440Hz$，目前均使用此频率的小字一组 a 音作为"国际标准音"。

6. 什么是泛音列？有什么性质和特点？

答：乐器的音高和谐波振动有关，不同幅度的频率振动发出不同的声音。这些不同频率的声波即组成泛音列。泛音列由基音振频之上的整数倍频率的许多声波共同组成，在人的听觉感受上是和谐的，泛音与基音的音程关系是固定的，依照频率的整数倍递增，依次呈现出纯八度、纯五度、纯四度、大三度、小三度等音程关系。

7. 什么是谐音列？

答：某个基音和在其基础上产生的一系列泛音即构成一组谐音列。

8. 谐音列和泛音列有何异同？

答：两者都是在基音上通过弦振动而发出的一系列音，谐音列包含整数倍和非整数倍的所有音，而泛音列只包含成整数倍的音。

9. 什么是基音？

答：全弦振动所发出的音称为基音。

10. 什么是谐音？

答：谐音指分段振动产生的所有音，又称"谐波"。

11. 什么是节点？

答：弦振动截断或截止的地方。

12. 什么是腹点？

答：弦振动的中心。

13. 什么是乐音？什么是噪音？

答：发音物体有规律地振动而产生的具有固定音高的音称乐音。例如，各种管乐器、弦乐器、吹奏乐器所发出的有音高的声音。

噪音是无规则振动没有一定高度的。例如，街道嘈杂声、风雨声、摩擦声等。

14. 乐音是如何分组的？

答：钢琴上有88个琴键，为了区别它们的音高，把音列分成九个组，每七个基本音级为一组，C最低，B最高，每组包括七个白键与五个黑键。它们是：大字二组、大字一组、大字组、小字组、小字一组、小字二组、小字三组、小字四组与小字五组。最低与最高的组别是不完整组，其他均为完整组别。

15. 什么是瞬间噪音？

答：弦乐器在拨弦或擦弦的瞬间发出的声音，称为瞬间噪音。这种声音非常微弱，并且迅速消失。

16. 什么是无高度音？

答：在某些乐器演奏中发出的没有具体音高但具有一定音色特点的音，称为无高度音。非整数倍振动产生的音，高度不确定但有音色。

17. 什么是偏差音？

答：偏差音指的是乐器发出的泛音频率偏离其基音频率的整数倍的特性，它天然存在于乐器中，并符合人的听觉习惯。

18. 什么是复合音？

答：基音与同时由分段振动而产生的谐音的纵向结合，即为复合音。复合音=基音+所有分音。

19. 什么是频率比？其作用是什么？

答：频率比就是两个频率的比数。它主要用来表示两个音之间的距离，也就是音程的大小。

20. 什么是频率？

答：频率指单位时间内物体完成周期性振动变化的次数，单位为赫兹 Hz。乐音就是一种有着规律振动频率的声波。

21. 音乐所用音的频率为多少？

答：16Hz（C2）~7000Hz（a5）

22. 振动体长度与音分值的关系。

答：中国古代用振动体的长度来计算音律，而如今用频率的次数来计算音律。在古代用弦的长度计算音律，当弦长占全弦的时，频率为全弦的三倍，所以振动体长度比反过来就是频率比，由频率比经过换算即得出音分值。我们之所以能够得到中国古代律制的音分值，就是经过这种反比换算而来的。振动体长度与音分值有密切的关系。

23. 音程系数与谐音列的对应关系是什么？

答：由基音向上分别是纯八度、纯五度、纯四度、大三度、小三度、小三度……

24. 什么是八度值？其意义是什么？

答：八度值是为了免除对数值不能明示八度的缺憾，把八度改用1。八度值除可以由频率比换算外，也可以直接进行计算，得出各音程之值。其意义重在八度，所以通称八度值。

25. 什么是对数值？

答：通常把用来计算音程的以10为底的对数的度量单位，称为对数值（logarithmic value）。它由法国物理学家、声学家菲利克斯·沙伐（Felix Savart）命名。

26. 什么是平均音程值？它与音分值的标准有何不同？

答：平均音程值为日本律学家田边尚雄所创。它以十二平均律的全音为标准，全音为1，半音为0.5，八度则为6。音分值是以十二平均律的半音为标准。

27. 什么是五度相生律？它的特点是什么？

答：五度相生律是一种以纯五度作为生律要素的律制，选择某一基音，向上方推出纯五度生一律，再次向上纯五度生次一律，以此类推，反方向亦然。

28. 什么是纯律？它的突出特点是什么？

答：纯律（Just intonation）是一种以自然五度和三度生成其他所有音程的音准体系和调音体系。由于纯律音阶中各音对主音的音程关系与纯音程完全相符且其音响亦非凡协和，故称"纯律"。

特点：纯律大三度略小于五度相生律的大三度，它在谐音列的位置极占优势，音响效果协和。

29. 什么是十二平均律？

答：在15世纪末，西欧音乐家拉莫夫（1440—1521年）受到吉他乐器的定音品柱按等比例半音安置构成音阶的启发，提出了十二平均律的概念。明代的朱载堉

（1536—1611 年）致力于研究音乐、律学，并提出新法密律，用等比级数划分音律，这就是十二平均律。十二平均律是等比级数，公比为 2 开 12 次方，是生律音程的频率比，其音分值为 100 音分，但 500、700 和 1100 音分也可单独用做生律音程。从出发律生律 12 次，正好回到出发律，总共十二个音律，因此十二平均律是有限律。

30．三大律制的特点是什么？

答：纯律的特点是根据自然三和弦为定律基础，音阶内的半音无法均分，转调不便；五度相生律根据纯五度定律，音程关系自然和谐，旋律性强；十二平均律是将八度平均分为十二个半音来生律，音与音的结合并不完全符合自然听觉规律，但是转调方便。

31．什么是五度律大音阶？其特有音程有哪些？

答：五度律大音阶是在五度音列中从主音起，向上连取五律，向下取一律构成的七音音阶。特有音程有近似半音的小半音和近似全音的大全音。

32．什么是五度律小音阶？其特有音程有哪些？

答：五度律小音阶是在五度音列中从主音起，向上连取二律，向下取四律构成的七音音阶。自然小音阶中仅有两种音程，即大全音与五度律小半音。和声小音阶中，六级与七级音构成"增二度"，是其特有的音程。

33．如何构成纯律增二度？

答：纯律增二度为 275 音分。

34．什么是弹性十二平均律？

答：弹性是指一个音在一定频率幅度内的变化。弹性十二平均律就是以十二平均律作为基础来做变化，使律制里的十二个音都具备向上或者向下的变化，这样形成可自由转调的音律体系。

35．什么是复频弹性十二平均律？

答：这一律制由我国著名音乐学家李曙明先生提出，它以十二平均律为基础，同时综合了三分损益律在旋律方面的优点和纯律在和声方面的优点。

36．什么是基准音律？如何调整基准音律的 12 个音律？

答：基准音律是指在调律钢琴时首先要调整的 12 个音律，在钢琴 88 个琴键中，其他音组均以这 12 个音律基准音为依据，再用八度音程或双八度音程的调律来实现。而十二平均律有些音程的频率比，接近于纯律音程的简单整数比。例如，五度、四度、大三度、小三度、大六度和小六度，这些音程可用分音构成的拍音来进行调律。

三、律学史相关

1．琴律是谁提出的律学名词？它的理论形成于哪个时期？应用于哪些实践？

答：琴律是由朱熹提出，它形成于南宋，源于先秦钟律，应用于五弦、七弦琴。

2．笛律解决了什么问题？它的基本观点是什么？

答：笛律解决了管口校正问题。因为一定管长的发音受用气与温度、湿度等条件影响，存在律制准确精度的问题，管口校正，即在管内气柱长度之外，补充以各种溢出管口外的气柱长度，以校正误差。荀勖以十二笛中各均正声调宫音的对应律长减去一个角音的对应律长为管口校正数，并把繁复的计算化为律尺进、退、上、下的直观形式，用简便易行的方法解决了这一问题。

3. 什么是七分七倍生律法？

答：七分七倍生律法是一种在和声功能中的生律方法，指的是当属功能被要求加自然七度形成属七和弦时，就生出了七分音律；当属功能被要求在下属小和弦加下属音下方的小三度时，就产生了七分七倍所生的音律。

4. 什么是辅曾体系？

答：辅曾体系是曾侯乙编钟使用的乐律体系，包括"四基""四辅""四曾"，是我国古代乐律学中以四音列为基本结构的一个代表。

5. 荀勖笛律与当时民间笛上三调的乐学实践有何矛盾？

答：它们之间存在两个矛盾：①荀勖当时制做了十二支笛，并且每支笛三宫，那么便从实践中否定了十二支笛的必要。②翻调不方便。每笛三宫，即正声调、下徵调和清角调，在一支笛上吹奏三宫会出现调值不准和不能转调的情况。

6. 我国有史以来第一个律学研究组织是什么？其宗旨是什么？

答：1986 年成立的中国律学学会是我国有史以来第一个律学研究组织，其宗旨是"发扬音律数理科学的穷理务实精神，开辟新路。继承与发扬我国的律学传统，加强音律科学的理论研究和实验探索，推动国内外的律学学术交流"。

7. 我国魏晋南北朝时期的定律器有哪些？

答：我国古代使用的律制有管律和弦律。管律的定律器叫"律管"，弦律的定律器称为"准"或"律准"，所以历朝历代的律学家都"以弦定律，以管定音"。在魏晋南北朝时期，大致有两种定律器或者说定律法：①京房准。北魏高闾、陈仲儒以京房准定律来制作律管。②梁武帝，精通音律，他按照三分损益法制出四通十二笛，即以"四通"为准，制作出配合三分损益十二律的"十二笛"。

8. 什么是十二律？我国十二律出现在什么时期？

答：十二律是我国古代律制的一种，它出现在西周时期，使用三分损益法将 1 个八度分为 12 个不完全相同的半音，奇数各律称律，偶数各律称吕。

9. 中国古代的三分损益律是如何形成的？它的律数特点是什么？

答：中国古代的三分损益律，实际上就是现在所说的五度相生律。它是将发音管全长均分为三段，通过减短或增加三分之一的方法来生律。它的特点是上方纯五度、下方纯四度交替进行的律数衍生规律。

10. 三分损益律或五度相生律有哪些典型的音程？

答：小半音、大半音、最大音差、全音。

11. 三分损益律或五度相生律的音程表。

答：三分损益律或五度相生律七声音阶中所有的音程，均可由小半音与大半音相互加减构成，具体音程表如附表 1。

附表 1　相关音程表

音程名称	小半音数	大半音数	频率比	音分值
纯一度	0	0	1/1	0
小二度	1	0	256/243	90
大二度	1	1	9/8	204
小三度	2	1	32/27	294
大三度	2	2	81/64	408
纯四度	3	2	4/3	498
增四度	3	3	729/512	612
减五度	4	2	1024/729	588
纯五度	4	3	3/2	702
小六度	5	3	128/81	792
大六度	5	4	27/16	906
小七度	6	4	16/9	996
大七度	6	5	243/128	1110
纯八度	7	5	2/1	1200

12. 乐器依据振动物体的发音可以分为几大类？请举例说明。

答：可分为五大类：①弦振，如小提琴、钢琴、琵琶等；②气振，如长笛、唢呐、小号等；③膜振，如鼓等；④体振，如锣、钟、三角铁等；⑤电振，如电子琴等。

13. 什么是自然四音列？

答：自然四音列指的是由 4 个自然音按高低次序排列构成的音高关系。例如附表 2 和附表 3。

附表 2　季季莫斯的自然四音列

音名	b ——	c ——	d ——	e
音程关系	大半音	大全音		大全音
频率比				
音分值	112	182		204

附表3　普托莱米的自然四音列

音名	b —— c —— d —— e		
音程关系	大半音	大全音	小全音
频率比			
音分值	112	204	182

14. 什么是变化四音列？

答：变化四音列是在自然四音列基础上插入升降半音的变化音构成的音列关系。例如附表4。

附表4　根据毕达哥拉斯律构成的变化四音列

音名	e —— f —— bg —— a		
音程关系	五度律小半音	五度律小半音	五度律增二度
频率比			
音分值	90	90	318

15. 什么是四分音四音列？

答：四分音四音列是在自然四音列的基础上，由其中某种半音划分为四分音（半音之半，为50音分左右）而成。例如附表5。

附表5　由季季莫斯提出的四分音四音列

音名	c —— e̱ —— f —— f		
音程关系	纯律大三度	四分音	四分音
频率比			
音分值	386	57	55

16. 中庸全音律有何优点？

答：能发出纯律的效果，解决了和弦发音声响效果和谐的问题，是文艺复兴时期键盘乐器上使用得最多也是效果最好的律制。

17. 阿拉伯乐器乌德琴的定弦是怎样的？扎尔扎尔中指是什么？

答：乌德琴采用四度定弦和指位定弦。8世纪，波斯的乌德琴名家、音乐理论家扎尔扎尔改变原来九律中的音，产生的两个中立音（中立三度和中立六度），演奏这两个中立音的指法，被称为扎尔扎尔中指。

18. 什么是中立音七声徵调式？

答：在中国民族调式五声徵调式的小三度之间，各加入一个中立音——↓7，↑4，就形成了中立音七声徵调式。

19. 什么是四分之三音？

答：在七声音阶里，有几对特殊音程值的音分相当于全音（204 音分）的四分之三，称为四分之三音。

20. 日本的民族律制使用的是哪种律制？律名各是什么？

答：使用的是十二律制。分别是：壹越、断金、平调、胜绝、下无、双调、凫钟、黄钟、鸾镜、盤涉、神仙、上无。

21. 日本的民族五声调式有哪两种？

答：有无半音五声调式和有半音五声调式。

22. 日本民族调式中产生的四种基本音阶是？

答：日本民歌音阶 61235、都节音阶 34671、律音阶 56123 和琉球音阶 13457。

23. 印度维纳琴是如何定弦的？使用的是什么律制？

答：纯五度——纯四度——纯四度定弦。维纳琴使用的十二律。

24. 印尼甘美兰乐队分为哪两类？各使用什么乐制？

答：印尼甘美兰乐队分为甘美兰·斯伦德罗和甘美兰·珀洛格。前者主要使用五平均律，即平均五声音阶和十平均律。后者使用的是七律，这种七律不平均，可构成四种五声调式。

25. 中国古代的旋宫法是什么？如何进行？

答：中国古代的旋宫用现代的乐理解释就是转调，即改变音阶的高度。中国古代的旋宫法多在弦乐器上进行，例如古琴。其方法是：先将古琴按基调定好弦，使用旋宫法可改变音阶的高度。旋宫法两句口诀是"紧角为宫"和"慢宫为角"。前者是指把角音的弦拉紧，升高一律后作为旋宫后的宫音，其他弦相应改变阶名，如原来的徵音变为商音，宫音变为徵音。后者是将其整个音阶降低纯五度，或转位即升高纯四度。

四、材料学相关

1. 一般来说，乐器制作相关用材有哪几类？

答：相关用材主要有四类：板相关用材，外部部件相关用材，支撑件相关用材，特殊乐器用材。

2. 材料学中的木材学研究方向是什么？

答：研究木材在外在的声波源作用下，能够产生声波或进行声波传播振动特性、传声特性、空间声学性质（吸收、反射、透射）等与声波有关的木材材料特性。

3. 木材的声振动方向有哪些？

答：木材的声振动方向分为三种：纵向振动、横向振动和扭转振动（如附图1所示）。纵向振动是指振动方向与力的传播方向相平行的振动。横向振动是指振动方向与力的传播方向相垂直的振动。扭转振动是指弹性体绕其纵轴产生扭转变形的振动。

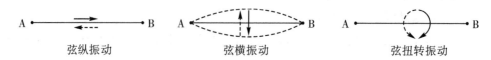

| 弦纵振动 | 弦横振动 | 弦扭转振动 |

附图1　纵向振动、横向振动和扭转振动

4. 木材声振动性能的主要指标是什么？

答：主要指标有：声辐射品质常数与比动弹性模量（高）；内摩擦损耗对数衰减率与动力学损耗角正切（较低）；木材的声阻抗（较小）和声辐射阻尼（较高）。

5. 对乐器音板的声学性能品质要求有哪些方面？

答：①对振动效率品质的评价；②有关音色振动性能品质的评价；③对发音效果稳定性的评价与改良。

6. 对木质材料无损的检测有哪些方法？

答：主要有三种方法：①超声波法，主要通过超声波在木材中的传播时间和速度的不同来判别木材的腐烂程度；②声发射法，在外部条件改变时，利用木材内部迅速地释放能量研究木材的力学性质；③声振动法，利用声波在木材中的传播速度和阻尼的变化来判断木材的力学性质及缺陷。

7. 哪种木材适合做音板？

答：云杉（如附图2）。

附图2　云杉木纹

五、实际应用相关

（一）中国民族乐器

1. 弦乐器演奏时，琴弦振动的频率与发音的关系？

答：琴弦振动频率越高，乐音越高；振动频率越低，乐音越低。

2. 古筝使用什么律制定弦的？

答：古筝使用复合律制来定弦。

3. 民族乐器竹笛的发音原理是什么？和笛孔有什么关系？

答：竹笛是依靠吹入笛管中的气流振动笛膜来发声的。通过按笛孔，竹笛内的气柱长短被改变，笛膜的振频也因此改变，形成不同的音高。

4. 民族乐器的重奏有几种形式，与乐器材质有何种联系？

答：根据主奏乐器材质的不同，一般将传统民乐合奏分为五类：完全由弦乐器组成的弦索乐，如弦索十三套；以弦乐和管乐器为乐队核心的丝竹乐，如江南丝竹；以某一件吹奏乐器为主，配合其他管弦、打击乐器的鼓吹乐，如山西鼓吹乐；以管弦乐器和打击乐器并重的吹打乐，如十番锣鼓；还有完全使用打击乐器演奏的锣鼓乐。

5. 在先秦时期，根据制作的材料可将乐器分为哪几类？

答：先秦时期，根据制作材料的不同，乐器被分为金、石、土、革、丝、木、匏、竹八类。

6. 中国的民族乐器依照形制、演奏方式、性能和色彩等，可分为哪些乐器种类？

答：中国传统民族乐器可分为弹拨乐器、拉弦乐器、吹管乐器、打击乐器，简称吹拉弹打。

7. 中国民族乐器中的吹管乐器大体分为哪几类？其依据是什么？

答：乐器根据振动发声的部位不同，可分为器鸣乐器、哨鸣乐器、簧鸣乐器三类。

8. 中国民族乐器中的弹拨乐器大体分为哪几类？其依据是什么？

答：中国民乐中的弹拨乐器都是弦鸣乐器，根据演奏方式的不同可分为：平放着弹奏的，如古筝、古琴；置于腿上竖抱着演奏的，如三弦、琵琶等；平置着用琴竹击奏的，如扬琴。

9. 如何得到管泛音？请举一种管乐器说明。

答：通过一定的方法吹出某一音高位置上的泛音，在管乐器吹奏技巧中成为超吹，一般需要以特殊的口风和按指法相配合，经过一定的训练即可吹出。如在竹笛上吹奏泛音，就需要使用不同于平吹的细而急的口风，同时调整口型和嘴唇位置，就可能得到某一音上方的泛音。

10. 中国古琴如何定弦？用什么音律？

答：古琴定弦方法一般有三种：散音定弦，即听辨空弦音；按音定弦，将某一按弦音与空弦音比对音高；泛音定弦，将某一泛音与其他泛音或空弦音比对音高。古琴所用律制为三分损益律。

11. 曾侯乙编钟的调律法是什么？

答：曾侯乙编钟采用辅曾体系生律，一个八度被分为三个等比的大三度循环，古人按照这种规律，使用一种叫"均钟"的调音工具进行调律。

12. 中国古瑟如何定弦，用什么音律？

答：古瑟共有 25 条弦，以散音发声，一弦一音，由低到高形成五个八度的五声音阶，弦序为徵、羽、宫、商、角排列。

13. 中国古代为什么有琴瑟相合一说，在音律上如何解释？

答：古琴定弦弦序为：宫、商、角、徵、羽、少宫、少商。古瑟定弦弦序为：徵、羽、宫、商、角。古琴与古瑟相比长度较短，弦数较少（古琴 7 条弦，古瑟 25 条弦），虽两者的大小、弦数、弦长差别较大，但两者相同音名的弦，音高完全一致，因此有"琴瑟相合"一说。

14. 中国扬琴使用的是什么律制定弦？

答：中国扬琴根据演奏形式、音乐地域与风格的特点，用十二平均律、纯率，以及地域特有的特殊音律定弦。例如，演奏大型现代音乐作品时，a 音使用 440Hz 的振动频率定弦；广东音乐或江南苏州、杭州音乐演奏时，使用当地特殊音律定弦；民间弹拨乐或弦乐演奏外国器乐曲的齐奏或重奏时，使用纯率定弦。

15. 民族拉弦乐器二胡使用的是什么律制？

答：二胡演奏传统曲目时一般采用五度相生律，而演奏一些现代曲目有时采用十二平均律。

16. 扬琴一个音由几根弦组成，为什么？

答：传统扬琴，框架用色木、桦木或榆木制，上面以白松或桐木面板包覆，下面以胶合板包覆，音箱呈蝴蝶形或扁梯形。长约 90~97 厘米、宽 32~41 厘米、高 5.7~7 厘米，现今扬琴通常有 152~200 多条弦，扬琴一个音通常由 1~5 条弦组成，以求增强其音量。扬琴从中音区到高音区，每个音一般由 2~5 根弦组成。把一个音的几根弦都调到一个相同的高度，此时各弦之间的振动频率都是相同的，没有频差的相互干扰，也就没有拍音了。

17. 制作现代二胡多用什么材料，各种材料的特点是什么？

答：现代二胡通过琴弦振动、琴筒扩音来发声。其琴弦多使用金属弦，与传统的丝弦相比在音质、音准、灵敏度上的表现都更好；琴筒多是木质，起到扩音、共鸣的作用；琴膜一般是蛇皮或蟒皮，鳞片越大，音质越好；琴弓的弓毛多以马尾制成，上等白色马尾柔韧、均匀、耐磨。

18. 民族弦乐器的发音原理是什么？

答：民族弦乐器是通过弦的振动产生声波而发声的，通过调整按弦位置来控制振动弦的长度，以形成不同的音高。

19. 在湖南花鼓戏中，常用哪种调式？它有什么特点？

答：湖南花鼓戏常用中立音五声羽调式，该调式特点是中立四度。

（二）键盘

1. 键盘乐器通常使用的律制是什么？

答：十二平均律。

2. 钢琴常用律制十二平均律的发明者是谁？

答：我国明代的乐律学家、历学家、数学家朱载堉发明的十二平均律理论。

3. 朱载堉"新法密律"的提出，彻底解决了我国律学史上的什么难题？

答：彻底解决了三分损益法造成的黄钟不能还原的千古难题。

4. 十二平均律解决了五度相生律和纯律存在的什么问题？

答：解决了一味增加律数而不能回到出发律的矛盾。

5. 钢琴如何调整音律？拍音起到什么作用？

答：钢琴调律者通过精确的听觉和一些辅助仪器来进行调音，有一些常用的方法，如四五度调律法、三六度调律法等。听辨和控制一些音程的拍音频率也是基本的方法手段，可以提高调音的准确性。

6. 钢琴的音域中，每一个八度都分成十二个均等的半音。如果用音分来表示，每个半音有多少个音分？每个八度有多少个音分？

答：每个半音为100音分，每个八度有1200音分。

7. 钢琴调率的通用调音法是什么？

答：根据十二平均律原则，采用"上五下四，五度变窄，四度变宽"的方法。

8. 现代钢琴分为哪几个部分？

答：分为四个部分，分别是张弦部分、击弦机械、踏瓣机械与外壳。

9. 在钢琴结构中，什么是张弦部分？它由几部分组成？

答：张弦部分也称张弦总成或张弦结构，它是整架钢琴的骨架。张弦部分长期支撑着按照顺序排列起来并且绷紧形成巨大张力的琴弦，将琴弦、弦架、共振系统等多种金属、木制件组合为一个整体，使钢琴形成一个可靠的支撑基础。它对整架钢琴正常工作起到关键作用。张弦部分主要由弦架、琴弦、背板、音板、弦轴等组成。

10. 在钢琴结构中，什么是击弦机械？它由几部分组成？

答：击弦机械也称键盘机械，是钢琴的心脏。通过琴键的下沉、升起，触发一系列组合件联合杠杆运动，完成击弦与制止发音的过程，是保证钢琴正常工作的重要环节之一。击弦机械主要由键盘与击弦机组成。

11. 在钢琴结构中，踏瓣机械的主要作用是什么？立式钢琴与三角钢琴的踏瓣机械有何区别？

答：踏瓣机械的主要作用是增强、延续钢琴的发音，或减弱钢琴的响度，它需要依靠一系列杠杆的联动来完成。中小型立式钢琴有三个踏瓣，分别是左弱音踏瓣、中弱音踏瓣与右延音踏瓣；三角钢琴有两个踏瓣，分别是左侧移位踏瓣与右侧延音踏瓣。

12. 在声学中，参与发音的钢琴组件有哪些？

答：①由弦槌组成的激发部分；②振动发音部分，包括弦列、中高音裸弦、低音缠弦和音板、共振板、肋木、音板框；③振动和声音的控制部分，包括止音头、弱音呢、消声器及外壳；④辅助功能部分，辅助完成以上功能的各类构件。

13. 钢琴通用的十二平均律调音方法有几种？

答：钢琴是以十二平均律调音为基础调音，方法大致分为三种：其一，通用的调音方法，采取十二平均律原则，采用"上五下四，五度变窄，四度变宽"的方法，使一个八度内的十二个半音的频率比相等。其二，审美的听觉，主要是听拍音和音程，拍音指的是由音波合成造成的振幅，产生周期性强弱变化的现象，以及音程上拍音的表现差异。其三，根据钢琴调律曲线进行调音，其根据不同大小的钢琴，会有不同的调律曲线，它要遵循钢琴基音的"偏差音"曲线。

(三) 弓弦乐器

1. 管弦乐队中的弓弦乐器的构造是怎样的？

答：弓弦乐器的构造由琴身、琴弓及琴弦组成。琴身包括有琴头、弦轴、弦枕、琴颈、指板、共鸣箱、音柱、低音梁、琴马、系弦板等部件；琴弓则由弓杆、弓毛、马尾库与松紧螺丝等部件组成；琴弦多采用金属弦、羊肠弦或缠弦等。

2. 弓弦乐器的发音原理是什么？

答：弓弦乐器的发音是通过琴弓摩擦琴弦或用手指拨动琴弦，产生振动的同时带动空气振动形成声波，在共鸣箱的作用下形成共鸣，传递出来。

3. 西洋弦乐器是使用什么律制来定弦？

答：一般使用纯律。

4. 西洋弓弦乐器包括哪几种乐器？每种定弦是什么？

答：西洋弓弦乐器包括小提琴、中提琴、大提琴、低音提琴四种。前三者都是五度定弦，如小提琴定弦由低到高依次是 G、D、A、E；中提琴定弦比小提琴低纯五度，依次为 C、G、D、A；大提琴定弦在中提琴基础上整整低一个纯八度。而低音提琴是四度定弦，由低到高分别是 E、A、D、G。

5. 弦乐器为什么会出现泛音？

答：通过手指虚按琴弦，琴弦分几段振动形成泛音。

6. 西洋弦乐器的声音是如何传播的？

答：西洋弦乐器通过弦的振动产生声波，以空气为介质来传播的。

7. 西洋弦乐器的琴弦材质分几种类型？有何特点？

答：西洋弦乐器一般使用三种材质的琴弦，分别是钢丝弦、羊肠弦、尼龙弦。前者耐磨耐压，不易走音，但音色较生硬；羊肠弦音色最美但过于脆弱，最易受温度湿度及使用时间的影响；综合来看，尼龙弦效果最好，既在音色上接近羊肠弦柔美细腻的特点，又规避了其弱点，是当今市场的主流。

8. 如何得到弦泛音？请举一种弦乐器说明。

答：以小提琴为例，指腹虚按在琴弦的等分点位置，同时拉奏，使得琴弦并非全长振动，而是分段振动，就可得到弦泛音。

9. 在小提琴的演奏中常使用什么律制？

答：侧重于五度相生律，接触到十二平均律和纯律。

10. 弦乐器演奏中狼音是如何造成的，其解决的有效途径是什么？

答：狼音是由弦乐器的自然共鸣引起，当演奏这个音时，就会引发面板、背板和空气腔的共振，产生额外大的大音量声音，这个特殊音质的声音就叫狼音。解决面板与背板的不协调振动可缓解狼音的问题，也可使用狼音器消除乐器发音不完整的问题。

11. 弦乐器的发声原理是什么？

答：发声原理有以下几点：①由激励装置对弦进行触发，使弦振动发声。演奏家通过改变弦长（按指或改变弦序）和激励方式（演奏技巧）来改变弦乐器的音高、音色和音长。②利用共鸣系统来加强弦振动的声能扩散，增大音量。③利用声学调控装置对乐器发声状况，如音长、音色和音量加以控制或改变。

12. 请分别列举出几种拨弦乐器。

答：拨弦乐器指的是手指或拨子拨弦，以及用琴竹击弦而发音乐器的总称，可分为三大类：第一类，平放着演奏，例如，古琴与古筝；第二类，竖着琴身，放在腿上演奏，例如，琵琶、阮、柳琴和三弦等；第三类，乐器平放在支架上，用竹制的琴竹敲击发音，例如，扬琴等。

13. 请分别列举出几种拉弦乐器。

答：拉弦乐器指的是用装在竹制弓杆上的马尾摩擦琴弦，使之振动得声的乐器总称。我国常见的拉弦乐器有二胡、高胡、中胡、京胡、革胡、倍革胡和板胡等乐器。在我国各剧种中所用的胡琴类乐器不下十种，它们各有其独特的音色，代表不同地域的音乐特征。其中应用最广泛、发展最突出的拉弦乐器当属二胡，它已成为独奏与乐团声部中重要的乐器之一。

（四）木管乐器

1. 木管乐器的构造是怎样的？

答：包括管身、吹口、哨片、簧片、音孔和音键等部分。

2. 管弦乐队中常用的木管乐器包括哪些？

答：常用的包括长笛、双簧管、单簧管和大管。

3. 西洋木管乐器可分为哪几类？其依据是什么？

答：西洋木管乐器按照乐器形制的不同，可以分为三类：无簧乐器，没有簧片，如长笛、短笛；单簧类乐器，包括各类单簧管和萨克斯风；双簧类乐器，包括双簧管、英国管、巴松等。

4. 木管乐器是如何发声的？

答：木管乐器靠气流振动来发声，一般有两种振动方式。如果是最简单的木管乐器，当你往里面吹气时，进入和通过"吹孔"的空气回撞击管子中的一些部位，并通过这根管子的长度，来输送空气的振动从而发出声音。如果是其他木管乐器，他们都有簧片，进入"吹孔"的空气会使簧片振动，并引起簧片下面的管内的空气振动，声音就这样发出来了。

5. 在木管乐器中，哪类乐器为软音质乐器，哪类乐器为硬音质乐器？

答：长笛类乐器为软音质乐器，双簧管与大管类乐器为硬音质乐器。

6. 长笛属于木管乐器中的高音乐器，它的构成是怎样的？

答：长笛管身由吹节、主节、尾节构成。

7. 请描述长笛的音域及音色特点。

答：长笛的音域为 $C^1—C^4$（e^4），低音区柔软、冷漠而深沉，妩媚且迷人；中音区音色甜美柔和且透明；高音区音色明亮、轻快；极高音区尖锐刺耳。

8. 请描述双簧管的音域及音色特点。

答：双簧管的音域为 bb—f^3（a^3），低音区音色厚实；中音区甜美、圆润、秀丽；高音区明亮清脆；极高音区的音色生硬、尖锐刺耳。

9. 描述单簧管的音域及音色特点。

答：单簧管的音域为 e—g^3（a^3 b^3），低音区音色圆润、饱满、浑厚；中音区平淡软弱；高音区明亮优美而清澈；极高音区的音色尖锐、粗糙。

10. 请说明大管的构成部分有哪些及其音色特点。

答：大管由五个部分组成：管身、高音短节、底节、低音长节和喇叭口。大管低音区的音色丰满浑厚；中音区暗淡沉闷；高音区柔软苍白；极高音区较少使用，音色紧张。

11. 为什么管弦乐团用双簧管对音，与乐器材质有关系吗？

答：西洋乐队使用双簧管吹奏的小字一组的 a 音为基准来对音，与乐器材质有一定的关系，也有部分历史原因。在早期管弦乐队中较少使用铜管乐器，而木管乐器中属双簧管的音色最为尖锐嘹亮，并且与弦乐器相比，双簧管的管身长度固定不变，其音高比较稳定，故形成了使用双簧管校音的传统并沿袭至今。

（五）打击乐器

1. 定音鼓的鼓槌材质有哪几种？它和音色的关系如何？

答：定音鼓的鼓槌头部用一层很薄的呢绒包裹其他不同的材料，如毛毡、海绵、棉花、橡皮等，为了追求音色的变化，甚至使用小鼓的木质鼓槌。不同的鼓槌对发音产生不同影响，毛毡槌为一般常规发音；包裹海绵或棉花的鼓槌为软槌，发音微弱而柔和；包橡皮的鼓槌为硬槌，发音有力、强烈；木质鼓槌的发音不太响亮，干瘪。

2. 小鼓的材料是什么？

答：小鼓是由金属、胎牛皮、羊皮或合成革等材料制成。它的鼓皮是用质地非常好的胎牛皮、羊皮或合成革制成，由两个金属制的鼓圈将鼓皮绷住，两个鼓圈之间有6~8个金属的螺丝卡子，拧动螺丝则可调节鼓皮张力的松紧程度。在下端的鼓面上绷有几根很细的钢丝弹簧，通过附加装置可使钢丝弹簧紧贴鼓面或离开鼓面，获得不同的音色效果。

3. 大鼓的材料是什么？

答：大鼓的构造基本与小鼓相同，只是没有钢丝弹簧，体积要比小鼓大得多，鼓面直径大约75厘米左右。它的鼓槌分为两种，一种为单头槌，另一种为双头槌，用于不同的奏法。

4. 钹的材料是什么？

答：铙一般用黄铜或以铜为主要成分的铜合金制成。它的形状为一对圆盘似的薄形金属片，中间凸出来的锅形中央有一个小孔，穿系一根带套供手握提。铙的直径约30至60多厘米不等并分为各种大小种类，乐队中使用多为大型铙。

5. 三角铁的材料与形状是怎样的？如何发音？

答：三角铁是由一根圆形钢棒弯曲成一角开口的等边三角形，手持提起或悬空挂在架上，用一根棒形的小金属槌敲击。最小的三角铁边长10厘米左右，最大的可达36厘米，音高有所不同。

6. 铃鼓的材料与形状是怎样的？如何发音？

答：铃鼓的圆形鼓框很浅，单面蒙皮。鼓框的周边开有若干个小孔，每个小孔内都装有一对用铜皮或铁皮做成的小铙，有的铃鼓上还装有若干个小铃。

7. 锣的材料与形状是怎样的？如何发音？

答：乐队中的锣直径很大，是声音较低沉的低音大锣。锣为圆盘形。用于乐队的锣多为平锣，其锣面是扁平的，没有弧度和隆起的部分，锣中心有一凹形部分，向内折转的边十分浅，声音含混而无固定音高。另一种锣的锣面为弧形，用于敲击的锣心部分是扁平的，有较清晰的音高。无论哪种锣都是用铜或铜合金制成。槌子采用木质的柄，槌头为柔软的毛毡。

8. 响板的材料与形状是怎样的？如何发音？

答：响板为西班牙的民间乐器，用两片贝壳形的硬木（也有用象牙或金属制成）碰击而发出清脆的"哒哒"声，乐队中使用的大多带有木柄。

9. 定音鼓的音高范围是什么？用什么谱号记谱？

答：每个定音鼓的音高调节范围在四度至五度音程之内，超过这个定音范围，鼓皮的张力过于绷紧或过于松弛，影响发音的正常。按照尺寸不同，每个鼓的可调音域为（以鼓面尺寸为标尺）：32~30英寸，约80厘米，音高D-A；29~28英寸，约70厘米，音高F-c；26~25英寸，约65厘米，音高♭B-f；23英寸，约60厘米，音高d-a；20英寸，约50厘米，音高f-c¹。定音鼓的音域在写谱时一般最低不要超过大字组的E，最高不要超过小字组的♯f或g，其实际音高比记谱要低一个八度。

10. 木琴的音高范围是什么？用什么谱号记谱？

答：木琴有大小不同的型号，常用的有36音和42音两种，用于乐队中的木琴多采用42音的大型木琴，七记谱音高的音域为f-c³，记谱用高音谱表，其实际音高要高一个八度。

11. 钟琴的音高范围是什么？用什么谱号记谱？

答：钟琴的记谱音域为g-c³，属于高音乐器，实际音高要高出两个八度，用高音谱号记谱。

12. 排钟的音高范围是什么？用什么谱号记谱？

答：排钟的音域需根据音管的数量确定。最低的音管记谱为c¹，12根音管的可到b¹（较少使用）；18根的到f²；20根的到g²。一般用高音谱表记谱，实际音高比记谱高八度。而排钟发音的音高不太确定，其记谱只是一种象征，也有作曲家采用一线谱记谱。

13. 根据声学原理，打击乐器可划分为哪几类？

答：根据打击乐的发音可分为两大类：发音为有音高变化的固定音高的打击乐器，如定音鼓、木琴、钟琴、排钟、马林巴等；发音为噪音（或称为乐音型噪音）的无固定音高的打击乐器，如小鼓、大鼓、三角铁、碰铃、铃鼓、锣等。

14. 定音鼓是如何发音的？原理是什么？

答：定音鼓属于皮膜振动乐器，演奏时用两根鼓槌敲击鼓面而发音，鼓皮的振动引起共鸣体金属锅的同时振动。它是通过螺丝调节鼓面张力的松紧，在一定的音域范围内改变音高。

15. 定音鼓在乐队中的作用是什么？

答：定音鼓属于低音打击乐器，音色低沉、厚实，弱奏时柔和，强奏时则如同雷声的轰鸣效果，采用不同的鼓槌敲击时也会使音色有所改变。

16. 木琴是如何发音的？原理是什么？

答：木琴是由一些长短不同的红木块，制成各种不同的音高。演奏时使用两只勺型小木槌敲击小木块，使之振动，属于体鸣及棒振动发音原理。在每个木块下面装有管状的金属共鸣筒，借以增大音量和使发音稍有延长。

17. 木琴在乐队中的作用是什么？

答：木琴属于高音乐器。其音质为硬音质，有很强的穿透性。音色清脆、明亮，发音短促，音的延续需要用滚奏获得。

18. 乐队中使用的钟琴是哪一种？它的发音原理是什么？

答：钟琴分为槌击式和键盘式两种，乐队中大多使用槌击式钟琴。这种钟琴是由30块长短不一的金属小钢片组成，按照钢琴黑键与白键排成两行，装在梯形的小盒子里。钟琴用木质或金属的（也有玻璃或橡皮的）小圆锤敲击，属于体鸣和块振动发音原理。

19. 钟琴在乐队中的作用是什么？

答：钟琴为装饰性与色彩性的打击乐器，具有清亮圆润、晶莹剔透的银色效果，余音稍长，属于硬音质乐器，穿透力也较强。钟琴属于色彩性的打击乐器，在乐队中多作为音色的点缀、装饰性使用。

20. 排钟是如何发音的？原理是什么？

答：排钟也叫管钟，由12至20根长短不一而又细长的金属管组成，按照管子的长度和钢琴黑白键位的样式，分两行依次悬挂在架子上，用一对包皮的软木槌敲击而发音，属于体鸣及棒振动发音原理。而排钟发音的音高不太确定，其记谱只是一种象征。

21. 排钟在乐队中的作用是什么？

答：排钟属于高音乐器，硬音质，发音庄重、洪亮，余音很长，犹如教堂或海关钟楼的钟声，穿透力也很强。因它的使用有特殊的音色效果，所以在乐队中一般很少使用。

22. 小鼓的构造与发音原理？

答：小鼓也叫小军鼓，扁形。其构造是在铜质的圆柱形鼓身两端各蒙有一面鼓皮。小鼓用一对木质的鼓槌，槌头为小圆形。其常规发音是将钢丝弹簧紧贴鼓面，敲击鼓皮时连同另一面鼓皮和钢丝弹簧一起振动，发出"沙沙"的声音效果，非常富有特色。

23. 小鼓在乐队中的作用是什么？

答：小鼓的音色清脆、明朗，发音短促，属于高音打击乐器。当改变钢丝弹簧的位置时可获得不同的音色效果，前者暗淡、微弱，后者沉闷、虚弱无力。小鼓属于常用的打击乐器，灵活性和表现力都很强。它有极强的节奏表现作用，尤其擅长表现行进、奔驰的节奏与各种舞蹈节奏等，能获得非常形象而又生动的效果，并且它还能进行各种戏剧性效果的渲染，制造各种不同的音乐气氛。

24. 大鼓在乐队中的作用是什么？

答：大鼓属于低音打击乐器，发音沉重、饱满而有力。在乐队中主要用于加强重音，经常和其他低音乐器同时出现，具有渲染气氛、增强力度、使节奏清晰的作用。

25. 钹是如何发音的，原理是什么？

答：钹属于中高音打击乐器，板振动本体发音。它可以由两手握钹相互撞击而发出声音，也可以用槌子敲击而发音，其奏法是有变化的。钹的音色为一种明朗、洪亮而又尖锐的金属声效果，弱奏时如同沙沙声般的沉静，强奏时则无比的响亮、辉煌、壮丽，有时用来表现恐怖、惊奇和惊惶不安的情绪。

26. 三角铁是如何发音的，原理是什么？

答：三角铁为棒振动体鸣乐器，敲击三角铁的不同部位，音高与音色略有不同，底边最低，等腰上端的音略高。其音质为硬音质，音色清亮而尖锐，有较强的穿透力，属于高音乐器。

27. 铃鼓是如何发音的？原理是什么？

答：铃鼓的发音有两种形式：用手指或手掌敲击鼓面时（也有用鼓面敲击膝盖），同时带动了小钹和小铃相互撞击发声，这时的声音是鼓、小钹、小铃相结合的复合音响；当手持铃鼓快速摇动，或用拇指沿鼓面外圈搓动使得整个铃鼓颤动时，所发出的声音是小钹和小铃的金属撞击响声。

28. 铃鼓在乐队中的作用是什么？

答：铃鼓属于色彩性的高音打击乐器，音色轻快、明朗，多用于舞蹈或歌剧音乐中作为音色的装饰和点缀，并经常和弓弦乐器、三角铁配合使用。

29. 锣是如何发音的？它的音质如何？

答：锣为板块振动体鸣打击乐器，在乐队中一般属于低音乐器。锣的音质为硬音质，音色洪亮、饱满、低沉，常用来表现庄严、威严、凶险、阴郁的音乐形象。

30. 响板是如何发音的？它的音质如何？

答：响板为块振动体鸣打击乐器，其音质为硬音质。响板的音色有点类似于木琴，但比木琴更为硬实、响亮、活泼而明快，在乐队中有很强的穿透性，声音很容易辨识。它是用于舞蹈性音乐中的伴奏乐器，具有非常突出和鲜明的节奏表现作用。

31. 打击乐器按乐器材质划分有哪几种？

答：打击乐器按照振动发音部位的材质不同，可分为金属发音的，如锣、钹、三角铁等；木质发音的，如马林巴琴、木琴等；皮膜发音的，如大鼓、小军鼓等。

32. 打击乐器按其振动原理可分为哪几类？

答：① 棒振动打击乐器。又称为"棒体打击乐器"，泛指所有类似棒状的弹性物体，包括矩形棒（如木琴的音板）、直行棒（如响棒）、圆形棒（如双响筒）和曲形棒（如三角铁）。

②板振动打击乐器。又称为"板体打击乐器"，在乐器声学理论中把用弹性材料制成的等边形的片状体称为板，所有的锣、钹等都属于板振动乐器。

③膜振动打击乐器。又称为"膜体打击乐器"，一般的鼓类乐器都属于膜振动打击乐器。

④类板体打击乐器。西洋的圆钟、手钟，中国古代的镈钟、合瓦形的甬钟和钮钟，都属于类板体乐器。

(六) 铜管乐器

1. 圆号的构造是怎样的？

答：现代圆号的构造包括基本号管、变调管、回旋式活塞、号嘴、调音管和放水键等部分。

2. 圆号的发音原理是什么？

答：是由气息冲击嘴唇使嘴唇产生振动，通过号嘴的传递，激发号管内的空气振动。嘴唇的张力、松紧的控制与气息的大小，决定了号管内气柱的长度，从而产生不同的音高。

3. 圆号的音域及其音色特点。

答：圆号属于移调乐器，在管弦乐队中多使用 F 调圆号，它的音域为 B1—f²。它的低音区音色暗淡、模糊；中音区音色多变，可表现柔和、圆润，或庄重、严肃，或明朗、威严的音色；高音区音色紧张。

4. 西洋铜管乐器的发音原理是什么？

答：西洋铜管乐器的发音，是靠人将气流吹入乐器口，以此造成人的嘴唇振动而发音，吹奏者通过控制唇部气压和乐器长短等方法来控制乐器的音高变化。

5. 从材料学上来看，西洋乐器重奏有哪些分类？

答：西洋乐器重奏，根据声部的多少以及乐器的种类，可有不同的组合方式及称谓。比较常见的重奏形式有完全由弦乐器组成的弦乐重奏、完全由铜管乐器组成的铜管重奏。在弦乐重奏中加入其他乐器的重奏形式一般根据所加入的乐器来命名，如四件弦乐加钢琴，称为钢琴五重奏，以此类推。不常见的重奏有打击乐器组成的打击乐重奏等。

6. 铜管乐器的发音有哪些特点？

答：十二平均律、活塞。

7. 铜管乐器与木管乐器划分的依据是什么？与发音原理有何联系？

答：铜管乐器和木管乐器主要是依据发音原理的不同来划分的，木管乐器是靠管内空气柱的振动来发音的，铜管乐器是通过嘴唇振动空气来发音的。

8. 铜管乐器与木管乐器在材料学上划分的依据是什么？

答：在最早的时候，铜管乐器和木管乐器的称谓与制造乐器的材质相关，金属材质的属于铜管乐器，木质的属于木管乐器。但经过长期发展，现代木管乐器的材料中也加入了金属，所以现在要区分这两类乐器，一般是依据发音原理的不同。

9. 铜管乐器的制作材料是什么？

答：铜管乐器最初是用兽角制成的号角，到 16 世纪末，开始使用金属材料。到 19 世纪初加入活塞机械装置。

10. 铜管乐器音色的特点是什么？它们的音质有何不同？

答：铜管乐器音色的共同特点是明亮、饱满、有力、厚实。音质可划分为两类：软音质——圆号与大号，音色圆润、柔和，具有丰富的表现力；硬音质——小号与长号，音色明亮、雄壮、华丽。

参考文献

［1］陈其射. 中国古代乐律学概述［M］. 杭州：浙江大学出版社，2011.

［2］李玫. 中国传统律学［M］. 福州：福建教育出版社，2008.

［3］李涛. 钢琴音响的乐律学研究初探［M］. 上海：上海音乐学院出版社，2007.

［4］［日］. 南谷美保. 日本文化大讲堂：音乐［M］. 吕长顺，译. 上海：上海辞书出版社，2007.

［5］徐元勇. 中日音乐文化比较研究［M］. 上海：上海音乐学院出版社，2007.

［6］赵维平. 中国与东亚诸国的音乐文化流动［M］. 上海：上海音乐学院出版社，2006.

［7］程传箴. 通用乐律新说［M］. 北京：学苑出版社，2012.

［8］李玫. 东西方乐律学研究及发展历程［M］. 北京：中央音乐学院出版社，2007.

［9］韩宝强. 音的历程——现代音乐声学导论［M］. 北京：中国文联出版社，2003.

［10］韩宝强. 关于"音"的性质的讨论［J］. 中国音乐学，2002（3）：27-36.

［11］程生宝，韩继贤. 钢琴的木料选制［J］. 内蒙古民族大学学报，2006（1）：117-118.

［12］田泽林. 钢琴的声学原理（一）［J］. 演艺设备与科技，2006（5）：58-64.

［13］田泽林. 钢琴的声学原理（二）［J］. 演艺设备与科技，2006（6）：58-64.

［14］田泽林. 钢琴的声学原理（三）［J］. 演艺设备与科技，2007（1）：58-64.

［15］田泽林. 钢琴的声学原理（四）［J］. 演艺设备与科技，2007（2）：58-64.

［16］张辅刚. 简述乐器用木材［J］. 中国木材，1990（5）：36-37.

［17］张辅刚. 木材的声学性质［J］. 中国木材，1990（6）：32-34.

［18］张辅刚. 印版用材的锯切方法及技术条件［J］. 中国木材，1991（1）：28-29.

［19］张辅刚. 乐器用原木的选择［J］. 中国木材，1991（1）：30.

［20］张辅刚. 木管乐器［J］. 中国木材，1991（4）：43-44.

［21］张辅刚. 民族乐器用材（一）［J］. 中国木材，1991（2）：43-45.

［22］张辅刚. 民族乐器用材（二）［J］. 中国木材，1991（5）：36-38.

［23］张辅刚. 潮湿木材对声乐性能的影响［J］. 中国木材，1992（4）：44.

［24］刘镇波，沈隽. 共鸣板用材的振动特性与钢琴的声学品质［M］. 北京：科学出版社，2009.

［25］高洪祥. 配器法基础教程［M］. 北京：人民音乐出版社，2013.

［26］缪天瑞. 律学［M］. 上海：人民音乐出版社，1996.

［27］王光祈. 东方民族之音乐［M］. 音乐出版社，1929.

［28］王光祈. 中国音乐史［M］. 北京：团结出版社，2007.

［29］杨荫浏. 中国音乐史纲［M］. 万乐书店，1953.

［30］杨荫浏. 中国古代音乐史稿上、下册［M］. 上海：人民音乐出版社，1981.

［31］［日］. 田边尚雄. 音乐原论［M］. 日本：春秋社版，1935.

［32］［日］. 田边尚雄. 音乐音响学［M］. 日本：音乐之友社，1950.

后　记

　　本书是编者在教学过程中的一种综合和创新，在借鉴前辈们理论成果的同时，开辟了一条适合职业院校专业教育的新路子，针对职业学院的办学层次和学生的知识结构体系进行了一次理论的综合与调整。本书承蒙武汉音乐学院教授谷杰老师的指导，特此感谢！本书在编写过程中还有许多不足尚待改进，还望海涵！